玩味潮汕

U0388474

林贞标 著

 中山大學出版社
SUN YAT-SEN UNIVERSITY PRESS

·广州·

图书在版编目(CIP)数据

玩味潮汕 / 林贞标著. —广州: 中山大学出版社, 2016.6
ISBN 978-7-306-05658-0

I. ①玩… Ⅱ. ①林… Ⅲ. ①饮食—文化—潮州市②饮食—文化—汕头市 Ⅳ. ① TS971

中国版本图书馆 CIP 数据核字 (2016) 第 067710 号

WANWEI CHAOSHAN

出 版 人：徐　劲
策划编辑：曹丽云
责任编辑：曹丽云
封面设计：蔡奇真
装帧设计：今朝风日好设计工作室
责任校对：廖泽恩
责任技编：黄少伟
出版发行：中山大学出版社
电　　话：编辑部 020-84111996，84113349，84111997，84110779
　　　　　发行部 020-84111998，84111981，84111160
地　　址：广州市新港西路 135 号
邮　　编：510275　　　　　传真：020-84036565
网　　址：http://www.zsup.com.cn　　　E-mail: zdcbs@mail.sysu.edu.cn
印 刷 者：佛山家联印刷有限公司
规　　格：787mm × 960mm　1/32　12 印张　220 千字
版次印次：2016 年 6 月第 1 版　2021 年 9 月第 4 次印刷
定　　价：50.00 元

目 录

玩味·下篇

人篇

算作序吧

出一本书，一直是本人的一个梦，只敢梦不敢想，因出书，对于只有三年小学文化水平的我简直是个笑话。特别是近年来，纸质书销量更是一落千丈，基本已被电子书替代了。但我不甘心。于我而言，书只是记载着某个人的生活历练，与某方面的成就信息。就像我一直混迹于吃货"江湖"，而对食物的感觉有特别的天赋，对些许心得也偶有记录，因我无门无派，所以很多观点也只是有感而发罢了。

但是有感而发又如何呢？这书会有人买吗？如果我是读者，我会想这书对我有何益处。因这书主要介绍的是潮汕的吃喝玩乐和本人的"胡言乱语"，还有许多是本人或朋友写的食趣与食俗，不管书是怎么写出的，总有只言或片语能对作为吃货的你有所用，或当攻略书，那是没问题的。然而我是个生意人，如果仅仅是攻略，那是不够的，满世界都是攻略书。站在读者的角度，总想着他们买我的书，我能给他们什么好处。经过一年酝酿与苦思，终于找到办法，就是让这本书帮着读者记录在潮汕追寻美食的足迹；就让这本书作为媒介，让读者与商家之间达成一种共赢，又能满足我的出书梦。

你只要付出50元买了这本书，就相当于赚了200元以上，持有这本书，你可免费体验几家最具有潮汕特色的餐饮名店。实实在在免费品尝，还能让老板在书上签名或合影，这是我用三寸不烂之舌与众多商家为读者谈来的福利，在此也向各商家表谢意，这书有可能开创纸质书价值的另一"历史里程碑"。当然需要说明的是，书卖的就是书，这些额外的福利只是作为一个尝试性的附带而已，并不是卖这些福利，所以有可能在写书到出书或到读者拿着这书时，有些商家另有发展不再经营，或有些名店更换东家，或其他种种不确定性导致福利无法兑现时，也请谅解，骂我可，不要骂娘。

本来这书也想请文人名士朋友写点序，又怕这书太没文化，坏了人家名声，只好作罢，留下自言自语……

聊作序吧！

林贞标

前言·庖厨也是艺术

君子不下庖厨，这话不知从何年代说起，但吾深不以为然。何谓艺术？画画者称为艺术家其只是用线条与色彩影响着人们的视觉这就是叫艺术。

其实一道好的菜是在视觉味觉触觉全面的呈现，这难道不是艺术？当年钱学森先生视厨艺为烹饪的艺术，其认为色、香、味这三者，为视、嗅、触为一体的艺术体现在人类的艺术领域是最高的，特别在人类特有的味觉上更是一种艺术。

烹饪对于味者至关重要，所谓味者真味也，物之有形皆有其味，烹之艺者去其杂而保其真。现今国人多数对烹饪止于技，如江浙沪其甜盖物，真味难寻；川菜多为麻辣，其鲜尽失。

所以要提升到烹饪的艺术者，吾认为要做到调五味而不盖其真，善用火而不损其性，方能百菜百味，再加多读诗书，小鲜也能诗情画意，这何尝不是庖厨的艺术？

林贞标

玩味·上篇

论厨之技，火也

人类对于吃，穷数千年之力，不断改变，与时俱进。但有一物一法亘古不变，便是火。人类自从发现了火之功用，便使其与食物息息相关。所有食物都离不开火的洗礼。因此，人的味觉追求与"火候"二字便难舍难分。许多人问我如何才能做得好一道菜，有何秘方，很难笼统回答。因一道好菜，有时其实很简单，就是火候，咸甜调和而已。但说来简单，做来却难。缘于要懂火候者，须晓食材之性。

如许多海鲜或肉类，不少厨师喜用蒜头同煮或同焗。但多数海鲜上盘鲜甜尽失，腐烂之气冲天，原因便是蒜头作怪。因厨师多习惯把蒜头先行炸油备用，殊不知蒜头有三味也。生蒜辛辣，九成熟蒜香甜，烂熟时腐臭。蒜的最佳火候为溏心。所以煮物加蒜头，蒜头过熟不能去其腥，反增其臭，此为火与物之和合也。然，凡事由简入繁易，由繁入简则难。要明火之行径，须知物之性也。

再如潮汕常见海特产鱿鱼干，近年很多人不太喜欢。因其很难做出好口感，多数烹饪之后，味同嚼蜡，口感干涩。殊不知，凡干货入菜者，须用低温之水反复浸泡，使其纤维吸水恢复活性，如此反复数次，其鲜自回，

纤维也恢复饱满状态，此为火候之神妙也。所以凡果蔬入菜更注重于火。如开水白菜、菜心，入汤须先入梗，后压叶于汤；叶入汤，30秒火必关也，如此则鲜嫩甜香。若大火，则叶烂筋现，汤色浑浊。所以论厨之神妙皆之于火也。

潮人爱鹅　以卤为美

王羲之爱鹅为古今佳谈，有文曰："又山阴有一道士养好鹅。羲之往观焉，意甚悦，固求市之。道士云：'为写《道德经》，当举群相赠耳。'羲之欣然写毕，笼鹅而归，甚以为乐。"（《晋书·王羲之传》）书圣爱鹅，系玩赏雅兴，待之为宝贝宠物。潮汕人也视鹅为宝，只是不当玩物，而是食物。

鹅在潮汕饮食文化中占有至关重要的一席。所育鹅种，以原产潮州饶平浮滨乡的巨型鹅"狮头鹅"为贵，素有"世界鹅王"之称，十几公斤者，并非罕见。而烹制狮头鹅的技法，潮汕人独爱卤制，且颇有心得。

且先说说这重要性。在以前物质匮乏年代，鹅肉并非日常三餐就能随便享用，一般只有春节和中秋这两大节日才会宰鹅祭祖拜神，然后全家食用。祭祀的节日，也是饮食的节日。卤鹅，成了人们盼念的极品佳肴。若你喜欢潮菜，也爱上潮菜馆子，你是否留意到，传统潮菜中甚少有凉菜，尤其是凉素菜，凉食除了鱼饭一类，独占鳌头的就是卤味了。招待贵宾，先来个"卤味拼盘"作为头盘，快速、体面又美味。

当在外的游子看到这画面，在吞咽了两口口水后，脑海中浮现的是那一缕淡淡的乡愁

而拼盘中，主打的也必是卤鹅。在潮汕人的餐桌上，正所谓"无鹅不成席"，一如广府人、客家人的"无鸡不成宴"。

摒除习惯喜好不说，这么大一只鹅，懂吃的要吃鹅头、鹅肝，脂香甘腴、回味无穷，鹅肠肥美爽脆也是至宝；其次是鹅掌、鹅翼，绝对是下酒好料；再次方为鹅肉，老少皆宜。鹅肉皮滑肉厚，甘香无比，全无鸭肉之腥气，再蘸点蒜泥白醋，去腻提鲜，让人频频举筷，欲罢不能。

这么美味的卤鹅，又是如何卤制出来的呢？潮式卤味素以味浓香软著称，卤料中的八角、桂皮、香叶等十几种基础香料其实与鲁、苏、川等其他菜系的用料并无大异，但其中绝妙之处，则为绝无仅有的南姜，使鹅肉具有独特怡人的辛香。卤制过程中，火候技术当然也是十分考究的。若再以区域细分，汕头市区的卤鹅偏咸香；潮州的则偏甜口，以溪口鹅肉为典型代表；口味咸甜适中的莫过于澄海卤鹅。咸甜差异则在于配料中酱油、盐和糖的比例控制了。

多数鹅肉店会以拥有一锅独家秘方的陈年老卤自居自傲，认为这是闯荡卤

令人垂涎的卤鹅拼盘

吃鹅不吃肠，肠子都悔青

36 个月的饲养就为了这一"头"

鹅"江湖"并由此坐揽一群拥趸的"独门秘籍"。瞧那半人高的一大桶卤汁，天天煮了又煮，熬了又熬，浸煮过数十万只大鹅，乌黑润亮暗若深渊。而究其实，老卤是不是真的好？这个疑问，常常在我夹起鹅肉时，就会蹦了出来——直到有一天我赴澄海一次乡村宴席，其间听到两位卤鹅从业者在争论"老卤"与"新卤"的利弊，认识了年青的鹅肉店老板余壮忠，其近年来关注到"老卤"的诸多妨害健康的问题，经过研究后大胆地摒弃了"老卤"，改用日日新调卤汁，他说如此鹅肉才能香甜、鲜活，而"老卤"有多酸、黏稠、高亚硝酸盐等等弊端。当然新调卤汁也有其不足处，就是色泽较浅，没有传统观感，所以，年青的壮忠巧妙地采用了某些植物原料加入其中，起到着色兼提鲜的作用，兼之他所选鹅只也均来自韩江沙汀上游泳运动、食杂粮牧草的成鹅，所以我到其店一试果不其然，肉含汁而鲜美、甘香而不腥腻，如其店名"日日香"也。店主看我经过研究尝试认同其"新卤"理念，也将我当知音，作相见恨晚状，知我正在写美食一书，当即拍板支持，携本书者到日日香鹅肉店可免费品尝鹅肉饭一碗配汤，以表相知之情。在此一并谢过。来到潮汕，鹅肉不止这点事，往后再表。

出锅刹那，注定卤香百年

大蒜

老抽

冰糖

八角

丁香

草果

重料之香

香菇　　　　　　蒜米

粗盐

南姜　　香茅草

桂皮　　白豆蔻

潮菜厨师的"入门证书"——炒芥蓝

岁末至正月，走马潮汕平原，田野里绿油油的芥蓝菜长势喜人，有开着黄花的，有开着白花的，正当时！这个时令，潮汕平原阳光普照，芥蓝菜经过充分的光合作用，长得郁郁葱葱。这时节，是啖芥蓝的最佳时令。

潮汕芥蓝菜，有开黄花的本地种，也有开白花的从江西等地引入的外来种或杂交种。吃芥蓝菜大致可分为"叶吃""芯吃""枝吃""茎吃"四种。目前潮汕地区最流行的"蘑菇种"芥蓝菜根茎短小而叶面乌黑硕大，是"叶吃"的佳品。潮州人吃芥蓝菜，大多喜欢从芥蓝菜的"中心"入手，割"芥蓝笋"，专吃芥蓝菜鲜嫩无比的嫩芽芯，即"芯吃"。

揭阳桃山芥蓝菜，叶尖呈齿状；揭西棉湖的"红脚"芥蓝菜，其根茎部为紫红色，煞是好看。两者是"枝吃"的代表。这两种芥蓝菜主要吃其鲜嫩的茎骨部分，其茎骨酥脆甘美。所谓"茎吃"的芥蓝菜即是专长根茎的"大头"芥蓝菜，其根茎硕大无比，吃时须剥去其根茎外皮，专吃其脆、绿、多汁的根茎内芯。"大头"芥蓝菜的根茎内芯，也是潮汕人制作鱼露生腌菜芯的好食材，用其在早餐送粥，香脆哑舌！

棉湖的"红脚"芥蓝堪称芥蓝中的极品

这片芥蓝虽其貌不扬，却是真正农家有机种植

潮州人种芥蓝菜，极为精工细作、分类严谨。种植芥蓝菜过程中，自始至终单独施以草木灰肥料的，收获的芥蓝菜吃起来"嘎嘣脆"，爽脆无比！如若种植过程中，自始至终单独施以尿肥，则收获的芥蓝菜吃起来甘甜无渣，香嫩无比！

小时候在潮州，初日曈昽的潮州古城中，总会不时传来"尿来卖！——"的吆喝声，一骑侧挂着尿桶的自行车穿街走巷，是专门买尿种植芥蓝菜的营生。甚为奇特的是，买卖过程中，买尿者很是"敬业"，竟然是通过用手指沾尿，用舌头舔一舔的方式鉴别尿中是否人为掺水，实在是"重口味"！

潮州城有着"大军尿"的说法，说的是经济困难时期，潮州城上水门往北是部队的营盘。当时，部队自给自足，自主种稻、种菜、喂猪，伙食对比起地方较为营养、丰盛，部队的厕所也比地方的厕所"肥美"，于是，潮州城便有争舀"大军尿"种植芥蓝菜等作物的说法。

3个月的辛劳，终于有了收获的喜悦

泡水芥蓝

潮汕人吃芥蓝菜，一般采用"厚膌"（膌即动物脂肪）"猛火""香鱼露"的炒制方式。炒制芥蓝传统的手法为：铁鼎、厚膌、猛火，倒入洗净摘好或切好的芥蓝菜，频繁敏捷翻炒过程中，边用装有开水的喷壶往芥蓝菜上喷水防止猛火将芥蓝菜炒焦，一阵阵"哔哔剥剥"的响声甚是畅快，是一段潮汕人炒制芥蓝菜的"协奏曲"。所以，潮菜厨师最基本的功夫即炒芥蓝，一盘炒芥蓝时时体现了一个厨师给人的初始印象。

这种芥蓝食法，在酒楼、大排档，至街边的粥档都能吃到。

此时只有一想法，炒了它，哦，记得加猪油

汕头牛肉"艳照"

谈潮汕食事，前面啰啰唆唆谈了那么多，可能已经有看官按捺不住了："谈潮汕美食怎么半天都没说牛肉？我们来汕头找吃一大半主题是奔着牛肉火锅来的，难道作者不吃牛肉火锅吗？"客官您别急，听我慢慢道来。潮汕牛肉火锅世界独一无二，但我要说的是此处省略十万八千字。因潮汕牛肉火锅名气太大，国内外杂志、报纸上的食评，吃货、学者美文不下一万篇。我笔墨笨拙，怎么写都有抄袭之嫌，唯有以些许美图看是否能勾引得你垂涎欲滴。

我切、我切，切得披金戴银

有必要这样吗

勺柄

脚趾

手打牛肉丸

牛肉的部位知多少

吊龙拌

勺仁

脖仁

胸口朥

美食界的各大"牛人"来到汕头，怎能少得了一场牛的盛宴

上海丰收蟹庄创始人傅俊忘情狂吞汕头焯牛肉

哦，图片看完还得啰唆几句，可能会有人说既然介绍牛肉火锅，怎么没介绍哪一家店好吃？但我要跟您说的是,在潮汕吃牛肉火锅靠的是人情关系，哪一家都有好吃的肉，主要看你"长脸"不"长脸"。

好吃的牛肉丸不是吹出来的，是打出来的

写这本书三分钟热度，写着写着感觉有点累了，本想就此歇笔，但总觉得缺了点什么，哦，对了，汕头牛肉丸，为什么一直没写呢？说实在的，写一个食物，我要对它情之所至。汕头牛肉丸的出名来自于手打纯肉，但如今工业化如此迅猛，要找到一个仍用传统费时费力没产量的制作手法的老板谈何容易。早些时候市区榕江路也有一家在坚持用手打牛肉丸，但其用的味精太多，吃了粘喉。近日倒是认识了一个有故事的牛肉丸店老板阿坤。

阿坤老家福建诏安，他家里长辈从事饮食，特别是牛肉丸，在诏安出名已久，在诏安有家牛肉店叫镇发牛肉店，是他伯父经营。他家打牛肉丸有一绝，用的是青石砧板、木槌，打出的牛肉丸柔软不失弹性。他父亲和伯父也希望阿坤毕业后从事此营生，但阿坤年少气盛，不愿从事这一行当，跑到汕头做业务，自己经营过汽车配件、五金机械，十几年在外漂泊。但近年阿坤却有了新的触动，因他每到一地，一说潮汕话，人家还没谈生意，第一句话问的就是你们潮汕牛肉丸如何如何好吃。或许是小时在家族生意的影响下，对牛肉丸也有感情，所以阿坤决定改行从事牛肉丸生意，于是在汕头市长平路平东一街街头开起了牛肉火锅店，还打了一招牌：全市首家现场制作手打牛肉丸。我看了有点不以为然，就前去一试，没吃前问老板阿

岁月的"千锤百炼"，使木砧和铁槌也成了艺术品

打肉丸前的挑筋处理

坤，你这牛肉丸"吹"得有点大。谁知阿坤说："大哥，牛肉丸好吃不是吹出来的是打出来的。"我一听乐了，买了一碗现吃，一吃有点惊喜，我问阿坤，你味精倒是放得很少。他惊讶，您怎么知道的。我也跟他说，我不是吹出来的，我是吃出来的。所以这个有意思的牛肉老板碰到我这个"疯子"，注定有他受的了。我跟他说，你的质量和味道目前来说，是我吃到最好的一家，但不知你能坚持多久。他急了，说牛肉丸我自己也打，等会我打你看。我说我陪你打，但能坚持吗？他听了又急了，说没问题，不信我们打赌。我跟他说不用赌了，这样，我要写本美食的书，还没写牛肉丸，我把你写进去，你让读者来试吃，让读者来检验，你敢吗？阿坤也是性情中人，一口约定，林哥，你敢写我敢送，读者只要持书到来我送一碗牛肉丸粿条给他免费吃。我也为阿坤的豪爽所感动，就希望他能一直保持这种品质，把汕头这张"吃名片"做好，他能坚持多久我也只能拭目以待。

到此也算完美地为读者又争取到一份福利，在此一并感谢阿坤老板了！

一个"真功夫"，一个"假把式"

出锅后粒粒饱满劲弹的牛肉丸

关于潮汕笋食

国人食笋，各地不同，品种也多，要数吃得精巧的非潮汕人莫属了。在笋食研究中吾最认可者前食贤李渔，论点如下：论蔬食之美，当清、洁、芳、脆，此四种尤为笋之特质也。食笋有荤食与素食之分，素者最佳为白水煮熟，略加酱油可矣，若伴以他物，如香油等者则陈味夺鲜，而笋无真趣矣，所以，至美之物，皆利独行，此为素食真谛也。荤吃者也多忌乱伴，如牛羊鸡鸭等物皆非所宜，最适者猪也，取其肥肉，略煮肉熟则去，留其汤，因汤非欲取其腻，只取其略肥可矣，因肥能甘，甘者入笋不见其甘，只露其鲜，此为烹者须识君臣之道，和其性而不能盖其味也。

如此笋食论吾在实践中也深感至理。但潮汕有一食法最为独特——炒笋粿，笋切如丝线，粿条也切成细丝，用猪油同炒。此食法最出名者为揭阳埔田。要数笋天然品质佳者非汕头近郊旦家园莫属了，因地处韩江边上，笋种在三江汇集冲积而成的沙丘地上，清甜无渣，单煮清水吃之，如梨也；其次为潮州江东之笋，其生长也依韩江边上，虽也清甜但略有渣；产量最大及做成产业化者非揭阳埔田莫属了。近年来整个埔田笋的产业化和吃笋的多样化，日益推陈出新，若到潮汕寻美食，埔田笋食当可一往矣。

大地的馈赠：野山笋

以上为对食笋之点滴心得矣，以下为潮汕几处吃笋的代表性地方，供吃货参考是也。

明思味
地址：揭阳市揭东县埔田镇，G78 汕昆高速埔田出口万竹园 300 米左侧

竹林笋店
地址：汕头市龙湖区鸥汀街道旦家园小学旁竹林中
店主：芮惠钦　电话：15876193922

林礼顺竹笋店
地址：潮州市潮安县江东镇章厝洲

丝丝入扣，刀工堪比淮扬菜的"文思豆腐"

潮汕名食：粿条炒笋丝

笋饺

鱼丸可以捻着吃

南中国海的海鱼馈赠，造就了潮汕鱼丸，可谓历史悠久，家喻户晓。精明能干、心灵手巧的潮汕人用新鲜的海鱼，以刀片刮出鱼肉，打成肉糜，再用手捏成球状即为鱼丸。

鱼丸大致有三种：一种是将鱼丸捏好后置于开水中浸烫定形而成；另一种是生丸，即捏制好的鱼丸不入水烫熟，只捏成块状，供给人们吃火锅、煮汤时再余熟；再一种鱼丸呢，是汕头潮阳和平、潮南沙陇一带人们制作的"四方鱼丸"。

潮阳和平、潮南沙陇濒临田心海边，历史上这里的海鲜批发生意发达，因而也造就了这里的鱼丸制作产业。这里人们传统制作的"四方鱼丸"，是将捏制好的鱼丸粘在一起成为饼状，置于蒸笼中蒸熟。这里，人们最喜欢的啖鱼丸的方式，是将蒸熟的"四方鱼丸"用手一粒一粒捻着吃，吃法很是独特。在惠来，制作鱼丸选用的一般为"那哥鱼"（长尾多齿蛇鲻）和"淡甲鱼"（鲔鱼）。在这里，人们选用什么鱼制作鱼丸特别有讲究，选用"那哥鱼"制作的鱼丸，鲜美甘香，腥味较为浓郁，而选用"淡甲鱼"制作的鱼丸则滑嫩清香，腥味较为平淡，两种鱼丸口感各异，但均是令人

制作鱼丸的第一道工序：剥皮去骨

鲜嫩欲滴的"那哥鱼"鱼丸，是否勾起了你的某种遐想？

咂嘴的海边特产。

这种鱼丸在汕头市面上已较少见，要品尝只能到潮阳和平、潮南沙陇或峡山一带去吃了。若能找一个那地方的女孩，边用潮阳方言谈着恋爱，边捻着鱼丸吃，那真是“日啖鱼丸三百颗，不辞长作潮阳人”啊。

澄海东里猪脚饭

美食是最能反映一个地区民俗文化及历史的"活史册"，要不您看，汕头澄海的猪脚饭这么出名，就可能跟澄海的"赛大猪"风俗有关。因今天吃了猪脚饭，所以"赛大猪"容后再表。

这不，前些日子，吾在澄海东里一家颇有名气专门经营猪脚饭的大排档就餐，店主人提起东里的猪脚饭就来了精神，话匣子一打开，便叨落出一套"猪脚饭经"来。据店主人介绍，猪脚饭最初起源于东里的街边大众食品——半碗叠。顾名思义，半碗叠即是在盛有半碗米饭的碗中叠上一两块用东里传统卤水手艺卤制的猪脚供顾客食用。说起猪脚饭，不妨先说米饭的制作，东里猪脚饭选用优质新米煮成，饭软滑而富于弹性，入口香气四溢。而猪脚的制作，则须作一番繁述。

东里的猪脚饭至20世纪80年代初才走上规模化经营之路，正式登上大雅之堂。卤猪脚除供应店前顾客外，许多餐厅酒楼也慕名纷纷上门订购，好多顾客还特地购买卤猪脚捎给远在广州、深圳、香港、台湾等地的亲友，导致供不应求。选料方面，店家特选皮白浑圆之猪后脚，因猪后脚较之前脚瘦肉较少，有利于久熬而肉不散。将猪后脚用刀破瓣，再每隔一厘米横

谁说屠夫就不是艺术家

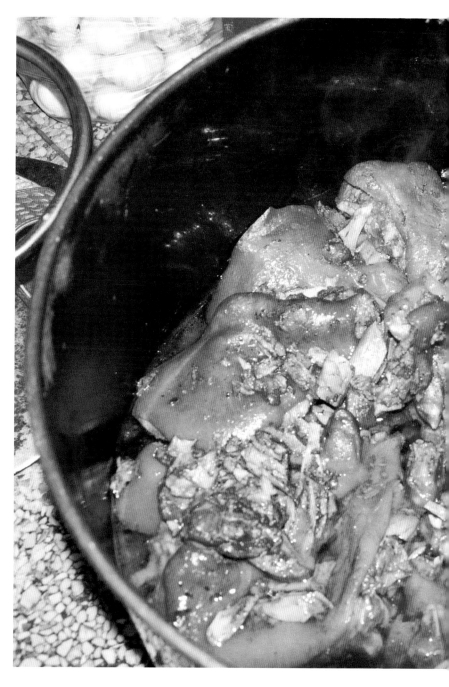

您猜猜这是啥?

砍一刀至骨断皮连。猪脚的卤制过程是在陈年老卤汤的基础上，酌量加入上好的酱油、冰糖、八角、豆蔻、丁香、香菇、大蒜头等原料，猛火煮开后放入猪脚，半个小时后改为小火熬煮，3个多小时后整个猪脚香汁渗透、皮肉软烂，即可熄火。待卤汤凉却后捞去上层凝结之猪油，然后装入砂锅，一般每个砂锅装4只猪脚，再用保鲜膜覆盖砂锅口后置于冰柜冷藏结冻即成。

制作猪脚饭首选本地产黑猪的猪脚，其脚骨质地松软，一煮便骨肉并烂，长时间卤制则气味浓郁，是制作卤猪脚的首选。但本地黑猪种因出肉率低而近乎淘汰，已难觅踪迹，目前所选用的白猪种猪脚，质量较黑猪种猪脚略次。

吾与友人淘猪脚饭到了澄海东里镇樟林新市场（塘西市场），只见一个不起眼的小店门口，一群人蹲在木条凳上吃，想不到这小店竟然是坊间常提到的最地道、祖传三代的"老杨仔"猪脚食肆。小店店主老杨继承祖上的美食手艺，目前小食肆由老杨与儿子一起经营，一碗猪脚饭5～10元钱，红彤彤、香喷喷、胶绵绵、爽滑滑，入口软烂无渣、肥而不腻、香气四溢、胶绵而不粘牙，果然名不虚传。

老伯把一生都献给了猪脚饭，令人敬仰

有时穿街走巷找一碗吃的，真不是饿了，是想念它了

吾当然也跟着一起蹲着吃，一定要这样蹲着吃才正宗、才地道！

以吾之见，如今潮汕卤制猪脚大概可分为澄海东里和惠来隆江两个体系，它们的卤制方法基本大同小异，区别在于，澄海东里的卤汤冰糖量多些，调得较甜，而惠来隆江选用的猪脚较为硕大，斩件时较为大块，则给人以厚实粗犷、大口吃肉的感觉。

与"猪血兄"之不解缘

○ ● 汕头市长平路平东一街田记猪血汤

四季供应

一座海滨食城,每日的骚动,竟然是在那几碗热气腾腾的粿条汤面与各种菜汤、肉汤中拉开序幕。这在中国大地是少见的。其中一物不得不讲,那就是猪血汤,那一鼎硕大的猪血汤,充分表现了潮汕人对于吃,发挥了物尽其用的巧思。猪血物美价廉,无渣无骨又含多种营养元素,再加上一把西洋菜,便成了既简单又营养丰富的早餐。

说到猪血汤便不得不谈一段"猪血缘"了。早年与食友搭档建宏兄,常穿街走巷觅食,那日匆匆经过长平路平东一街,不经意间见一小档上挂牌"田记猪血汤"。一瞥见档主在侍弄着一桶猪血,每一小块猪血都在其掌中翻转细看,不时用小刀将边角及气孔位置切去,这些动作,凭吾多年觅食经验,可断定此档值得一吃矣。一试,果不其然,他家猪血滑嫩而无烂感,汤甘香而不腥。与档主一谈方知其亦资深吃货,对食材的选择也几近偏执,谈吐间不似市井小财主之相,细问才知原来卖猪血是其第二职业,其主要身份为象棋教师,人称田老师。田老师对于饮食倒也客观谦虚,唯独对象棋颇为自负,潮汕话俗称"好脸"。常在与吾对弈时称其与大师只有一步之遥,输赢就那么一两步。所以,在卖猪血之余,亦以棋会友,近年也属"猪血明星"了。因早年吾推荐其在汕头广播电台美食栏目谈了回"猪血经",

价廉物美，营养丰富，猪血是也，用它可以做 20 道菜

而后一发不可收拾，市内市外亦有多家媒体报道，特别是近期上了央视二套的《消费主张》，其更飘飘然也。

当然，田老师也是情义之人，听闻吾近期为推动潮汕美食动笔写书，更欣然表示支持，承诺对持书读者提供福利。凡携本书到其店者一律免费获得猪血汤一碗，若有喜好象棋者可与之对弈，若赢，更赠大肠一节也。

这一碗有私人感情的成分，料才这么足

独味，猪肉往事

食不厌精烩不厌细，古早的潮汕因物资匮乏，任何食物不敢浪费，凡能吃之物，都要点滴落腹，人们于是练就了细分食材的能力。这暗合了饮食的最高境界，过去是因怕浪费，现在是追求舌尖味觉的享受。

比如一头猪，在汕头的市场上，可分很多部位出售，据不完全统计，可达100种以上，这在全国是绝无仅有的。因动物每一个部位的纤维结构都不一样，熟化点也不一样，气味也不尽相同。

十多年前看了蔡澜先生关于美食的书，其中谈到整头猪的猪颈肉为最美。吾往市场买肉，老板往往"指鹿为马"，会指着某个部位说这个便是，试来试去不知所云，所以吾一气之下，花了两个多月的时间，每天早上六点半到七点钟跑到菜市场，趁着整头猪还没分解，我就指着部位下刀，从猪鼻子一直吃到猪尾巴，终于弄明白了吃猪的秘诀，但也把自己吃成了"猪脑子"。其实吃完以后发现最好吃的肉不是蔡澜先生所说的猪颈肉，而是它的脸颊肉，也就是人笑起来有两个酒窝的地方，但我不知道猪会不会笑，总之没见它笑过。这个地方的肉量很少，一头猪有两块，每块不超2两（即100克），其结构很特别，整个肉切开，就像一个石榴切开一样，瘦肉是

猪肉的好吃不好吃跟它的光泽度是有极大的关联的

"猪八戒"的脸颊肉

由一颗颗钻石样的肉粘住，每一颗中间裹着一层胶状的白肉。这块肉可煎可炒可炖，但我最喜欢的还是白水煮40分钟，沾着酱油或鱼露吃是最爽的，这样做出来的肉没牙齿也能吃。要数气味最好的非猪心不可，把猪心厚切，泡入80多度的汤水来吃，那真是肉中至味。

所以说烹小鲜如治大国，要弄明白食材真谛者，非亲身感受不可。

"八戒"乐开花，其实它是脸颊肉

潮汕地区的猪肉摊，可能是世界上把猪肉分拆得最精细的地方之一

潮菜的提香圣物——膀

汕头市金平区珠峰南路「金剪刀」旁

四季供应

汕头市鸥汀亚头膀粕粥

吾曾谈过潮菜之清淡，并非古往今来。时至今日，儿时那一点味蕾上最浓烈的记忆莫过于家中偶有祭事，将祭神后的白猪肉煎出油来，然后淋一匙于祭神用的白米饭上，再加点酱油，那便是回味三天的至物了，这也不算清淡吧。所以吾认为，潮菜至今能谈得上保留传统的非膀（动物脂肪）莫属了。

现今，香气突出的潮菜，多由动物脂肪提香。从炒青蔬至包点、海鲜，不论高端私房菜或路边小档皆是也。最具代表性者，像近年来，汕头的高端食肆林自然大师的大林苑的螺片也非鸡油不可，其蒸鱼者也非脂肪不可。另一高端食肆，东海酒家的成名菜也是鸡油螺片。乃至街边排档师傅也懂得潮菜谚语：厚膀热火香鱼露。包括卤鹅中的卤水也要下猪膀或五花肉同卤，以取其甘香鲜滑。潮州的炒甜面，也非猪膀（油）不可，炒出的面，脂肪（膀）香与糖的巧妙结合竟也上升到男女情动的高度，对于两情相悦时那一点蠢蠢欲动的荷尔蒙，潮语俗称"瘾过食炒面"（喜欢过吃炒面）。这可能也是膀的功劳了。

膀对于潮菜如此重要，潮人自然物尽其用将其作用发挥到极致。要不您看

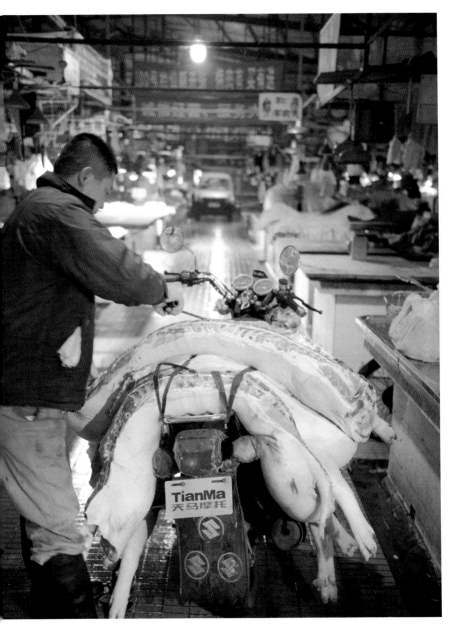

在现代都市的早晨，有着传统习惯的"猪肉兄"

勝粕（猪油渣）粥便应运而生了。有商家把煎过油的猪油渣配点生蚝等放入粥中同煮，即成一碗别具风味的勝粕粥了。既然勝为香之灵魂，故事便生出很多，例如另一潮汕名产——勝饼。此是后话。

勝粕粥

当今做鸡不易

在进入主题时,必须先跟各看官说明下此标题的"鸡"真的是鸡,菜市场的鸡。为什么先要解释呢? 不知何缘故, 从何时开始, 人们把操皮肉生意的女子称为"鸡"。为何非要将卖身女子与鸡并列, 鸡亦何幸竟提高到与人同等的高度。而鸡作为人类最为亲密的"伙伴"之一, 实是餐食不可少之物。

忆儿时偶有烹鸡, 则连汤带汁、吃骨吞肉、不吐毛地尝味三天, 想那一匙鸡汤何其精美。但如今, 大酒楼小餐厅, 对鸡之烹法何其止于千百种, 如炖鸡、白切鸡、油泡鸡、三杯鸡, 但种种做法已难寻当年之味, 皆因做法千篇一律全无鸡味, 尽是酱汁味也。究其因实是食材缘故矣, 非厨之罪, 但厨亦有之过也。因一个好厨师须有明食材、识原料的品质, 方能做出好菜。现今上市的鸡饲养大多不超 55 天, 属温室鸡, 这种鸡与过去在农村养的家鸡相差十万八千里。过去养一只鸡用时至少需 8 个月至 10 个月, 所吃饲料也多为天然产物, 不管荤素, 所以气味、肉质诱人, 与现今的鸡养在温室里, 食物单一, 又从鸡苗开始打了多少抗生素与吃了多少百炎净, 实此鸡非彼鸡了。但许多所谓从厨者, 多师从老厨师言传身教的一招一式, 也很少走出厨房去关心一下现在的鸡是怎么养成的, 须用何方法去适应这样的材质。当年有一笑话, 吾与一饮食名家至一食府用餐, 老板上了一道

这"雄姿"能让多少母鸡着迷

他认为很得意的鸡汤，吾与食家一试，即与老板说今后做鸡需加鸡精矣。老板不解，只有吾与食家会心一笑。因温室鸡体重虚肥、肉韧、水多、酸重、甜少，烹时稍一过火即鲜甜尽失，只余酸腥，食之如嚼蔗渣矣，所以现在的厨师从市场买回的鸡，要做好它实不易也。

因此吾近年来也少在市面的店家吃鸡了，但鸡又是吾至爱之物，好在几年前，机缘巧合，于汕头广播电台客串一档美食节目，找到了鸥汀桥头一卤鸡农户。其每天固定穿街走巷收购家鸡，有三年二年的，又用很简单的清汤卤制，方才让我寻回了些许儿时的鸡味也。但就是每天量不多，晚去点就买不到，他就是后来在汕头市区广厦市场设摊的"桥头弟鸡肉"了。

母鸡中的"战斗机"

白卤盐水鸡

漫谈妈屿岛逸事之一 · 海鲜

许多本地或外地来汕的朋友常让我推荐一处既亲海又能品尝海鲜的好去处。说实在的，作为本地吃货的我，除了推荐他们去妈屿岛之外还是妈屿岛。或许是日久生情，或许是我与妈屿岛情感太深，或许是事实使然。汕头虽地处海滨，但要找一处能亲海又近市区，既能吃到一点正宗野生的本港鱼虾，又能在傍晚时分近观夕阳笼罩下的汕头城区美景，实非妈屿岛莫属。在妈屿岛东面泳场边上林立着的许多村民自发经营的海鲜排档，在凉风习习中品尝着当日上水的知名或不知名的鱼虾壳类，也是人生一大快事。

另外，妈屿岛也是一个承载着许多故事的地方。我从 20 年前与妈屿岛结下不解之缘，就是因那些鱼虾与岛上淳朴热情的岛民。当时特别的是排档中间有家 8 号店，店主强哥乃岛上唯一真正做过酒店大厨的厨师，因其自认为是大厨功底，所以对烹饪颇为自负，无奈碰到我后，每每挑战他的厨功，他也不服输，如此边挑战边较量地过了 20 年，其厨艺也不知不觉增色许多，如今其烹饪海鲜已炉火纯青。唯一不足的就是，生意不能太好，太好了就手忙脚乱，胃"抽筋"。

在他家吃了 20 年，不光因他做海鲜地道，也是当时看了电影《海角七号》

"鱼大哥"练就了"水上漂"功夫，他只是想尽快把鲜活的海货送到餐桌上

青口

白虾

的情结，我们就叫他"海角 8 号"了，在此处游玩吃喝时也产生了许多情感与遐想。2007 年的某天，我喝了酒在沙滩上睡着了，还做了一奇怪的梦，醒来时历历在目，所以记之写之，也随书附上，博君一笑。（见《漫谈妈屿岛逸事之二·梦游公平国》）

卜海鲜炒饭

车白

打鱼归来

谈糜说粥论潮粥

糜也称稀饭，对于少小家寒的我来说与生相伴，长大外出至省城始知有粥。一直来以为粥的口感比糜来得更软烂，但近查经找典，或以字义论之，实为二者颠倒了，潮汕的糜或应称为粥，省城的粥才应称为糜。

据孔颖达疏："糜厚而粥薄。"《后汉书·礼仪志中》曰："年始七十者，授之以玉杖，哺之糜粥。"

其实此据此论已不重要，重要的是你若到潮汕一行，不喝那几顿粥儿，你便不算来过潮汕了。论潮汕食文化不得不谈粥。潮粥分为两大流派，从汕头的白粥至潮州、揭阳的香粥。汕头的白粥多以夜宵为主，过惯夜生活的人，歌舞升平酒醉归家前喝一碗路边店的白粥（潮汕话俗称"食夜糜"）可解酒亦可养胃，更加上物产丰富，夜糜的配菜也应有尽有，所以形成了独特的"夜糜文化"。另一流派为香粥，以揭阳地域为首，变化多端，有鳝鱼粥、生鱼粥，最具代表性的为地都蟹粥，还有近来揭阳市内涌现的春菜粥、鸭粥，"高大上"的有鲍鱼粥、龙虾粥。潮州较有代表性的为草鱼粥，特别是潮安庵埠镇的草鱼粥更是别有风格。当然，这林林总总的粥或糜文化非潮汕独有，在我华夏，粥的历史有几千年，分布本广。如寒食节

泉水白粥

琳琅满目的送粥小菜

鱼饭

时的腊八粥，郑板桥的寒天碗在手，一捧糊涂粥，缩颈热啜之，乐趣自无穷。至《南越笔记》中所说的鱼生粥："粤俗嗜鱼生，以鲈以鲤以白以黄鱼以青鲚以雪鲮以鲩为上。鲩又以白鲩为上。以初出水泼刺者，去其皮刺，洗其血腥，细脍之以为生，红肌白理，轻可吹起，薄如蝉翼，两两相比，沃以老醪，和以椒芷，入口冰融，至甘旨矣。而鲋与嘉鱼尤美"（清·李调元），食时尤必佐以热粥，使和其冷气。当然我认为此应为吃鱼生配热粥之记，非当今的鱼粥了。但这也不重要，重要的是到了潮汕大街小巷想喝怎样的粥都有，更关键的是持本书者还有免费的粥可喝！

红（蚬）肉米

腌血蚶

猪皮冻

过山鲫这尤物

过山鲫鱼（学名"攀鲈"）或是潮汕特有的一种鱼种，它生活于田间沟垄，堀池溪流，身披一层坚硬的鱼鳞，还具备长时间离水不死的特异功能，生命力之旺盛顽强在鱼类中可谓首屈一指。

过山鲫有着一种独特的本领，它凭借身体坚硬的鱼鳞和背鳍在坚硬的泥层中翻滚，挖掘洞穴垫居，可想而知，此尤物的肉质是何等的紧实而富于弹性。食用过山鲫，主要享用其稠润鲜美的肉质，但刮其硬鳞的工序实是艰难，双手应该借助手套防止割伤。

由于生存环境的原因，有的过山鲫，有一股较为浓烈的泥土腥味，食用前可以将过山鲫养在清水中活游一天，让其吐纳去泥土腥味。

潮汕地区烹调过山鲫的传统方法是：用些许肥猪肉热锅，炸出猪油后，放入剖好的过山鲫鱼、潮汕酸咸菜、辣椒丝、姜片、酱油，加水炖煮 20 分钟即可出锅，最好是晾凉结冻后吃，香、酸、辣、胶，十全十美！吾称其为"鱼中玫瑰"，惜乎因生态环境问题，这种鱼在市面已较难觅。若有吃货（只限美女吃货）非吃不可者可联系作者，吾当满足所求。

鱼中的"野玫瑰"

葱花之殇

一把葱花撒播了天下多少美味，一把葱花也毁了多少厨工。

菜味之重者，葱蒜韭也。特别是生葱，其臭能秽人齿颊乃至肠胃，今食次日还闻其臭，然常人多喜刺激之物，愈重之味愈易让人上瘾。所以，在当今浮躁的厨艺心态下，多用简单重味之物以省求真味之繁文缛节，又生葱花味重刺激，能掩食物之缺或盖其不鲜，更取其绿以扮美色矣！

殊不知，一餐之饭如啖得几粒生葱花入口，你已半日葱花味，其他菜品已无须谈味。所以，现今很多食肆饭馆，每日伺宴即为葱花大宴也。流行至此，实为厨之殇也。吾采访过许多从厨者，问其菜成为何一定要撒葱花一把丁上，是何故，厨者也哑然。

一大碗干捞面也要撒一大把葱花，这是否已成为一种习惯？

正月与神共食游潮汕

潮汕自古系南蛮之地，近海多江，瘴气横生，恶浪急。这在韩公夕贬潮州中可见一斑，因山高皇帝远，又多天灾，苦难岁月逢天祸，只能求神保佑，所以在人们美好的祈望下便产生了独特的众神文化，因地制宜地创造了满足各乡各地不同需求的神灵。但所有神灵，人们都想当然地以为袘们也以食为天。虽时过境迁，潮汕大地上已耸立起四季如春的沿海城市，但独特的"神食文化"，却是保留最全最完整的。每年正月，适逢冬尽春初，乍暖还寒，禽鱼壳类皆正时也。所以潮汕大地在整个正月便上演了一场盛大的敬神游食文化。近年来各地摄影爱好者纷至沓来拍民俗，正月各乡各村游神活动时，多设有新闻媒体或摄影爱好者接待点，没有的也没关系，潮人热情好客，只要那一村游神，你到来随便找一人家搭讪，人们便把你奉若上宾，把敬神后的各种美食与你同享，让你在觥筹交错中体验一首现代文明"践踏"下仅存的原生态"神曲"。若你是个文化食客，那不妨在"与神同吃"的狂欢中开启你的潮汕美食之旅。附上正月潮汕大地各方游神活动及日期（部分）。

现在只有在乡下才可感受到爆竹的烟火气息了

正月初六上午 7 时：澄海隆都前沟游神；

正月初八凌晨 4 时至 8 时：汕头月浦赛大猪；

正月初九上午 7 时：澄海隆都后沟游神；

正月十三上午：饶平所城游纸马；

正月十五晚上 8 时：丰顺埔寨火龙；

正月十六上午至晚上：潮州磷溪游神，蔗巷游灯；

正月十七下午至晚上：澄海隆都前美游神，上华赛大猪；

正月十九夜晚：澄海溪南南砂乡游灯；

正月二十二中午至下午：澄海盐灶抢财神。

澄海隆都前美游神，上华赛大猪

澄海隆都前美正月拜神

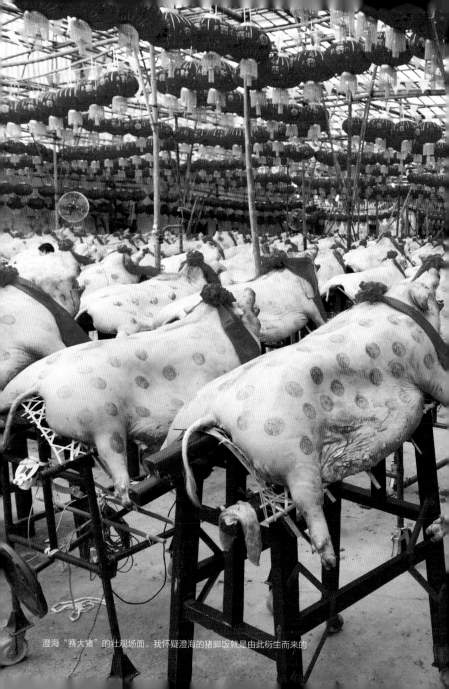

澄海"赛大猪"的壮观场面。我怀疑澄海的猪脚饭就是由此衍生而来的

"喜羊羊"的象征

潮汕红桃粿

玩味・下篇

草粿——汕头人的情感食品

每当街面上响起清脆的"咚咚"敲碗声，初来汕头的外地朋友定会好奇地探头探脑瞅个究竟，而对于汕头人来说就再熟悉不过了，这是叫卖草粿(也称凉粉)的声音。多少年来，这种敲碗叫卖草粿的方法一直没变，延续至今，成了汕头人对草粿这种传统小食品约定俗成的交易信号。而卖豆花就不同了，卖豆花的小贩尽量地扯大嗓门拉长腔调喊着："豆花——"

20世纪六七十年代，汕头老市区的大街小巷里，卖草粿、豆花的小推车来回穿梭，敲碗声、叫卖声不绝于耳。汕头人吃惯了草粿、豆花，而且吃出了感情，它们不愧是汕头人的"情感食品"。

盛夏季节是卖草粿、豆花的旺季，卖草粿、豆花的摊档遍布市区的各个角落。据卖家介绍，其熬制草粿的主要原料草粿草是从梅州客区进货来的，草粿草加水后需慢火熬制10个小时左右成浆液状，然后过滤去余渣，再按1斤(500克)草粿草约4两地瓜粉(即红薯粉)的比例勾兑入地瓜粉浆，冷凝后即成。制作草粿所用的地瓜粉质量一定要好，做出来的草粿才能富于弹性和柔韧性，味道清香甘美，入口爽滑醇绵。卖家卖草粿时操一把小铁铲，三下两下刮几片草粿盛于碗中，然后利索地将碗中的草粿用小铁铲

这个背影在落日的余晖下远去，有些熟悉的旧境亦有现代的气息，那就是不锈钢桶

"嚓、嚓"切花，撒上白粉砂糖，一碗热腾腾、金亮亮、香喷喷的草粿就递到你的手中。若凑巧碰上刚出炉的草粿，卖家多刮些凝结于上层的草粿皮吃，其胶绵柔韧性更胜一筹，是草粿中的上品，保准你吃得咂嘴叫绝。

以当今的饮食理念归类，草粿当仁不让属"黑色食品"。草粿草味甘，性寒凉，有清热解暑之功效，既可消暑气，又可当点心，确是夏令时节的上佳食品。不过，吾也发现有些小贩用从商店里买来的速食草粿粉炮制草粿出售，不仅味苦，其质地、口感远不可与用传统工序制作的草粿比拟。

豆花则是用浓豆浆烧沸后，按1斤黄豆勾兑3～4两地瓜粉的比例兑入粉浆，同时按每桶豆花半小茶杯石膏的比例加入石膏助凝结，豆花即告做成。刚做成的豆花特别娇气，20分钟内不能移动它，否则就会反水变稀。

豆浆性味甘、平，有补虚养血、清肺利咽、化痰的功效，以其制成的豆花，对夏季新陈代谢旺盛、精气耗损较大的人们来说确有补益作用。吾吃过外地的豆花。对比之下，珠江三角洲一带的豆花稀得很，仿佛是反水了的汕头豆花，吃时佐以姜糖水；西南一带的豆花则佐以葱花、酱油、麻油、辣

椒等咸食，各具特色。但吾作为汕头人，始终钟情汕头风味的豆花。

草粿、豆花的佐料白粉糖是用白糖熬制反沙而成，豆花也可撒以新出红糖，多数卖家在糖中掺入白芝麻，使豆花更香甜。所以，外地来汕觅吃的你，在啖尽鲜腥美味之后，若来那么一碗甘甜草粿，将是去油消腥的佳品也。在大街小巷，听到"咚咚"的击碗声时，便是草粿来了。

下午4点，这么一大碗草粿，吃的不仅是一份清凉，还有儿时的回忆

吃你豆腐

最能代表孔老夫子"食色性"论者，非豆腐莫属了。中国人除"四大发明"以外，还有一最大的发明便是豆腐。

中国吃豆腐的历史可追溯到两千多年前,至今在世界上没哪一个国家对"豆腐文化"能演绎得这么深的，更上升至七情六欲之心也。男对女有非分之念者，俗称"想吃你豆腐"，男女偷情也叫"偷吃豆腐"，机关单位领导调戏女下属者，俗称"干部豆腐"。种种，可见豆腐与千家万户之关系了。所以大江南北以豆腐为菜者何止千万种。单说潮汕豆腐就不胜枚举，有炸豆腐，潮汕话为"炸豆干"；有水豆腐，可生吃，可做汤，可凉拌；有干煎豆腐，有甜豆腐；还更有一绝的豆腐花，北方俗称"豆腐脑"。

像汕头的豆腐花（即豆花），最具代表性的非广场豆花莫属。其他流动摊档的豆腐花多为软浆，广场豆花为硬浆，口感略粗，但豆香更明显，加上糖粉、花生粉、油麻，实为一份不错的下午点心了，吃完后主人再给你来半碗红糖姜水更是完美了。但还不仅于此，因豆花老板有个女儿经常在那帮忙，所以有一大帮市井之人去吃豆花常顺便开个玩笑，一来就跟老板女儿说："小妹，吃你豆腐来啦！"大家哄堂一笑。有一些女士来时见到老

"男女通吃"

板也跟老板说："阿伯，我们来吃你豆腐啦！"阿伯听了也把脸笑成一个大麻花，广场豆花也因此门庭若市矣。不过要吃趁早，晚了吃不到，而且当年的姑娘也变成阿姨了。

一碗丰饶的豆花

大木桶里装着的豆花，别有一番"历史感"

鸭母被捻鸭母知道吗？

鸭母，潮汕地区对母鸭的叫法。捻，揉塑之意。母鸭被捻，母鸭知道吗？你能将它与一道潮州小吃联系起来吗？这不禁让人捂嘴偷笑。

别笑，鸭母捻真的是一道小吃，且是家喻户晓的甜品。外地人一看，会直接喊它"汤圆"！没错，它也确实是糯米汤圆。其名字由来据说有二：一说是这汤圆煮熟后在锅里翻滚，如母鸭在水上游荡浮沉；二说这汤圆形状大如鸭蛋，鸭蛋潮州话又叫"鸭母卵"，与"鸭母捻"谐音。吾尤信前者。此汤圆一般有芋泥、红豆沙、绿豆沙和芝麻花生四种馅料，制作者为便于区分，将糯米皮捻成不同的形状为之记号。潮州人嗜甜，鸭母捻无论馅料抑或汤水都偏甜。还会在一碗鸭母捻中佐以银耳、红枣、白果、莲子、红薯丁等辅料，喜欢甜食者必为之垂涎。

甜汤"鸭母捻"的各种佐料

潮州甜汤百年老店"胡荣泉"

潮汕咸甜粽（双烹）

汕头市区建业酒家

每年端午前后

粽本非单为潮汕特产，实为国之常物，但在这里不得不谈的就是，潮汕人对于味觉的无限遐思，从对一只粽子的追求中得以体现。人类的至高常味无非咸、甜，潮汕人做粽巧妙地把南北风味合二为一，取甜料中的豆沙、莲子及咸料中的五花肉、蛋、香菇等，更加以海鲜干料如虾干、干贝，或有加入陈皮之法者。

然而随着生活水平的提高，普通制作的粽已难以满足一般人的要求了。近年来潮汕做粽者，吾当推老牌潮菜酒楼建业酒家出品的双烹粽。物欲精而主必亲侍之。酒楼老板纪瑞喜先生本纯商人，吾也难以深交之。但其对业之所敬，对事之所勤，却使吾心也服口也服矣。每年端午前后之制粽其必亲侍，从选料到繁工细作一丝不苟，追求米熟而不糜，料至精而味至纯。粽于今本已成为腻物，但建业酒家出品的粽在厚味中显层次，画龙点睛而用陈皮，实为当今潮粽的代表了。

双烹粽子

粽球中的各种佐料

清洗粽叶

建业酒家正在制作双烹粽

柿饼，是压出来的

据说，柿饼的由来跟李自成有关。当年的柿饼跟今天我们在潮汕吃的柿饼完全不一样，柿饼的起源是陕西临潼的老百姓为了支持李自成的起义军，把熟透的柿子摘下来，拌上面粉，烙成饼子，供给起义军当干粮用。后来李自成虽然起义失败了，但柿饼由此传了下来，加工工艺也不断改变，有些还把熟了的柿子打成泥加入面粉，然后做成饼。这以上种种的柿饼我只是听说，没吃过，它起源传说的样子跟我从小在潮汕吃的都大不一样，所以我也不知道这些传说对不对，但我从小对柿饼那是既渴望又怀念。

小时候，我在牛田洋的海边上生活，物质匮乏，只要有一丁点甜食那是极幸福的事。那时牛田洋驻军有个军官的小女儿经常找我玩，偶尔会带个柿饼分点给我，当她把柿饼撕开那一刻，里面的糖浆膏状晶莹剔透，立马让我的口水流到下巴。那时潮汕的柿饼制作其实很简单也很原生态，就是把柿子去掉皮然后放在竹排上暴晒，但是要把竹排架起，上下通风，晒到七八成干，再把它捏扁就成了。因柿子本身糖分高，自身保鲜没问题，等到北风起时，柿饼的表面上就起了白霜。因此每到年底，我便每天盼着那部队的小女孩来分柿饼。所以我也不知道我的初恋是不是从柿饼开始的。那时偶尔吃一次，知道柿子压扁的叫柿饼，那时想吃柿子容易找，柿饼难

晒制柿饼

阳光是柿饼不可缺少的"原料"

柿饼可以吃了

找，所以想着怎么把柿子压扁又能晾干，自己曾用脚踩过不成，后来发现有办法——有人帮压。因那时在野外有部队当兵的跟当地的姑娘处朋友，常去一片树林的草地，每天早上我就发现那片草东倒西歪的，草上还有余温，所以我白天就把柿子藏在那些草中，等到第二天去看，果真都变成柿饼啦。当然也有损失的，有些就变成了泥，后来发现村里有些姑娘的衬衫背后都有不规则的红印，慢慢地那片草地也没人去了。但不管时光怎么逝去，儿时的柿饼是压出来的，还有那分柿饼的小姑娘，都在我甜蜜的柿饼回忆里。

注：潮汕制作柿饼的地方在汕头市潮阳区金灶镇的金玉，每年秋天，满山遍野晒柿饼，也成了一道独特的风景。

莲螺（内螺）逸事

赤壳的莲螺，如今数量锐减，在市场上的价格远远高于与其较为相似的东风螺、花螺。小时候，我生活在海边，南海之滨的沙滩洁白无垠，是小伙伴们的天然乐园。南海海产的馈赠养育了我们，我们从小就学会了捕捉莲螺的海捕技艺。我们从岸边捡来渔民丢弃的河豚放置到陶罐里，让它腐烂发臭，直至"臭气熏天"，又到竹器社买来专门捕捉莲螺的、身大口小的小竹篓。每次捕捉莲螺时，将十几个小竹篓分别系上长长的绳子，在每个小竹篓里放上几小块花岗岩石，然后将"臭气熏天"的河豚鱼肉分别放在每个小竹篓里当诱饵。准备妥当以后，我们在码头岸边停放的小竹排上将小竹篓放入海中，小竹篓因有几小块花岗岩石，很快就沉到海底，只留下长长的绳索的一端系在小竹排上，莲螺嗜食腐烂的鱼肉，它嗅到"臭气熏天"的河豚鱼肉后，定当会趋之若鹜爬入小竹篓中。放置完毕后，我们便在沙滩上翻跟斗、追逐嬉戏，挖沙坑、设陷阱互相引诱对方掉入沙坑中……在沙滩上能玩的所有"节目"都尽情地上演。

一个多小时后，我们便跑到小竹排上拉起小竹篓，一般每个小竹篓里都会有几颗赤色的莲螺可以收获。我们用小木桶舀了海水，将赤壳莲螺放在小桶中拎回家，让赤壳莲螺在海水里过夜吐尽泥沙。半夜起来小便时，赤

莲螺

壳莲螺会爬出木桶，爬满地板、墙壁，赤壳莲螺散发出的香腥味道弥漫了整个屋子。至今，这股赤壳莲螺的香腥味道仍弥漫在我的嗅觉记忆里，时而勾起我对赤壳莲螺的情感记忆。

以前的惠来街上夜市，有专卖赤壳莲螺的食肆。这种食肆较为简陋，一般都是在一个木桌子上放置一盏昏黄的煤油灯，几个矮木凳，一个红泥火炉加上一个大锅。烫莲螺是需要经验和技巧的，食肆老板凭经验将莲螺稍涮熟后，用竹签将螺肉挑出，一般会将螺嘴在螺壳的齶口上刮几下，刮去螺嘴上残余的泥沙，摆盘端到你的面前，配上一碟蘸莲螺肉的辣椒醋，啖之，香爽柔滑，这味道夫复何求。值得一提的是，莲螺黑色的小尾巴是香到了极致的美味，食肆一般配有一名"小二"，操一把硕大锉刀，敲断莲螺壳的尾巴，用嘴将拉断在壳里的莲螺尾巴吹出。我一看"小二"用嘴吹出的莲螺尾巴，觉得不卫生不敢吃，往往引来其他本地食客的揶揄。

说到莲螺尾巴，还流传着亲家请吃莲螺尾巴的故事，说的是家在海边的阿海请山里的亲家阿山品尝莲螺，亲家阿山不小心将黑色的莲螺尾巴掉到地上，阿海忙说："莲螺尾巴是好东西啊！"亲家阿山听罢伸手到地上捡深

白汆的莲螺，最为真味

色的莲螺尾巴放到嘴里一尝，其臭至极，慌忙吐出并跑到井边漱口，为什么呢？原来黑色的莲螺尾巴掉到地上跳得没了踪影，亲家阿山误将地上的黑色的鸡屎捡了扔入口中。此后，阿海每每邀请亲家阿山品尝莲螺，亲家阿山都举双手"投降"。这小故事也折射出靠山吃山、靠海吃海的饮食经验。但惜乎今非昔比，现在的莲螺已成高档海货，一般在汕头的酒楼排档多能吃到，价格为 500 克 200 多元。

有点像蜗牛的它如今身价百倍

无米粿吃了莫骗人

四季供应

汕头市长平路平东一街

无米粿，即潮汕韭菜粿，用薯粉加热水揉压做粿皮，用切好的青韭菜做馅，其外形晶莹剔透，青韭菜馅翠绿点点。孩提时，物质匮乏，韭菜粿是我们小孩子的佳肴美点，现在想起来还津液四溢。

孩提时候，每逢下午四时左右，便有一个眼睛有点斜视的老者推着贩卖韭菜粿的小推车，带着孙子，一路吆喝："韭菜粿——"小推车每停一处，红彤彤的炭炉被鼓风机扇得火舌四射，潮汕烙粿专用的平底铁锅上猪油煎烙的韭菜粿焦香金黄，发着"吱吱"的声响，让围观的孩子们垂涎欲滴。吃韭菜粿要趁热，再蘸上红红辣辣的辣椒酱，让人上瘾。如今，老市区再也寻觅不到卖韭菜粿的老者啦，但卖韭菜粿老者的吆喝声每每萦绕在人们的脑海中，烙刻在旧时光的记忆里。

小时候读书时，每当下课时间我们往往会被楼下韭菜粿商贩的吆喝声吸引去，美美地啖上几粒焦香金黄的韭菜粿，自然误了下一节课的上课时间。老师批评时，往往会撒个谎，什么肚子疼上厕所了，遇到生人问路带路去了等等，但是说谎张口时露出前牙上斑斑点点的韭菜叶却告诉了老师真实情况，如今想起来真是若要人不知除非己莫为了。如今的韭菜粿在一些潮

白如玉，绿似翡，可否叫翡翠白玉粿？

菜酒楼中也能吃到，但真正地道的还是街边老店，在市区长平路的平东一街，有一经营已几十年的老档，可往一试。

寒风凛冽的夜，我看着你翻了个身，口水流了下来

一根甘蔗"啃"出潮汕"甜"史

一看到甘蔗我就想起了我的初恋,一想到初恋,就想到了初吻,一想到当年的初吻,嗯,那是一种啃不停的感觉。一切自然跟嘴和味蕾有关。因为那种感觉是甜的。

某天去观潮州磷溪溪口的游神盛会,看到游蔗灯时,终于明白了潮汕人与糖那千丝万缕的关系。因我在前面的文章中提到潮汕很多菜原来都是重糖、重油,这与很多人认为的潮菜清淡大相径庭,我亦因此困惑,当我看到了这场蔗灯盛会,已有所悟。代表一个地方最真实的历史,而不会让人随意篡改的就是生活习惯与饮食习惯的传承。它们用"肢体语言"与味道告诉我们那些过去的酸甜苦辣与兴衰。它们用实际存在的物质表现来告诉我们,潮汕饮食的重糖跟过去潮汕为产糖大区有关,非品味之需。关于潮汕产糖的历史点滴在张新民老师的《潮菜天下》里有详尽介绍,此处不再重表,只谈点趣事甜物。

说到潮汕用糖,我认为发源地就在溪口,典型代表为卤味。潮汕尚卤但多数地区以咸为主,唯独溪口卤鹅甜度盖咸。还有一味最具代表性的且在全国绝无仅有的潮州甜牛杂,其中使用了大量红糖、冰糖佐以南姜、八角、

蔗苗

竹蔗园里的浪漫，这里曾是乡村男女的"伊甸园"

茴香等等，一大碗下去保证你腻到想吐，不过也别有风味，特别后来我发现用卤好的甜牛杂风干来下红酒那是绝配。说到奇特的用糖下菜也不仅潮州，就像我老家牛田洋那一带，每年的正月初七，吃"七样菜"时也下糖，菜里既有五花肉，有盐，也放大量的糖，这可能跟溪口游蔗灯的愿望异曲同工，都是在祈望一年的甜美吧！偶尔吃来也让味蕾的习惯来一下冲击，未尝不是一件好事。

潮州甜牛肚

以上说的这些都是属于甜得异类的。在潮汕，甜得正常，甜得"琳琅满目"的那是饼食与茶配，也就是茶点。因在过去年代，糖的地位比很多物资的高，记得 20 世纪 80 年代，邻居三大叔的老舅从香港回来探亲，给左邻右舍分发了几颗牛奶糖，那是吹得天花都散了。此情境一直萦绕在我的脑海中，直到第一次去上海，立马到商场买了两大包白兔糖，当天晚上做枕头，结果第二天化了，粘在头上洗了三天才洗干净。糖在潮汕人的心目中是生活的必需品，后来生活好了，甜食不减反增，主要体现在各种零食上，这可能又跟潮汕的另一种生活习惯有极大的关系，那就是嗜工夫茶。潮汕人尚浓茶，搜肠刮肚，须糖解之，但糖吃多了，又须浓茶和之，那究竟是因茶而糖呢，还是因糖而茶？咱们且得去探索……

潮州特有的甜卤牛杂

丰收，乌腊蔗

一根甘蔗一盏灯，祈盼着来年的生活甜美

生吃螳螂虾（虾蛄）

螳螂虾，潮汕人叫"虾蛄"，跟虾似是而非，然叫虾蛄，那就是虾它爹的妹，这关系有点复杂。吾窃想，如若有日沧海桑田，海枯石烂，大海变成了陆地，这尤物定是称霸山野田间的螳螂，张牙舞爪，施展着捕蝉的绝活。

生活于南海之滨的潮汕人，素来喜欢生啖盐渍或酱油腌制的螳螂虾。盐渍或酱油腌制螳螂虾时，同时加入蒜头片、辣椒等，生啖时剥壳并佐以白醋。螳螂虾鲜香爽口，特别是膏肥籽满的螳螂虾，那美味更是令人咂嘴喊爽！

生啖螳螂虾会令人上瘾的。记得我在西藏，吃着不习惯的糌粑等食品时，总遐想着有一小盘家乡潮汕那盐渍或酱油腌制的螳螂虾，再配以一碗香稠的白粥，这就是令人垂涎欲滴的神仙美味啦！至于张牙舞爪的螃蟹，潮汕人也是这样生啖的。第一个生吃螃蟹的人应该是潮汕人！

外地人来潮汕，我是万万不敢邀他们生啖螳螂虾和螃蟹的，这点教训深刻。有一次，我的一位北京朋友莅汕做客，这位仁兄人称"大胆"，竟然不听我的劝阻，生啖腌制的螳螂虾，结果第二天狂闹肚子，做客旅游不成，我到医院陪他住院一晚。然而住惯潮汕的外地人对生啖螳螂虾也与潮汕人

这就是虾蛄

一样有着深深的情结，一见生啖螳螂虾，立马垂涎，"飞流直下三千尺"。此物在潮汕大街小巷的白粥档上随处可吃，外地来的朋友，多点辣椒醋（辣椒与醋调配而成），便可放心地吃啦。

除去坚硬的外壳，它柔软得让我欲罢不能

牛田洋螃蟹那点事

螃蟹，自幼是吾又爱又恨之物。小时家贫，六岁即跟父亲前往距家约十公里以外的荒芜海滩——牛田洋，守海堤兼开荒、种养，终年日不见人，常于餐时盘中无物。然大自然物产丰富，只是那时人的观念陈旧与捕捞工具落后，只能眼看美味而饿着肚子。那时牛田洋最丰富的水产为螃蟹与蚝，因其地处三江汇聚之出海口，大量微生物养肥了这横行之物，偶有大人捕杀煮成蟹粥，吃之美味矣。吾也常下海摸蟹，每有所获，却血泪斑斑。因摸到的多是螃蟹的大脚，手指让大蟹脚钳住，蟹身却不见踪影，只有回家吃着螃蟹大脚，看着血淋淋的手指哭着鼻子。让吾最怕的是十岁那年有次抓到一只母蟹，把它放裤子口袋里，它冷不防咬住吾的大腿内侧不放，差点就让李莲英把吾给招安了，所以吾是既恨又爱地花了很多年的时间，去研究各种烹饪方法吃它。后文（见《吃螃蟹之浓淡二法》）几种吃螃蟹方法与心得供各吃货参考。也承蒙在市区专门经营牛田洋特产的牛田洋人许培潘先生承诺，持本书至其经营的"食汇"店中，即可免费尝蟹一只，但须提前预约，在此一并谢过。

过瘾不过瘾，一看就知道

千军万马，蟹也（丁烁摄）

需要的是约上我敬重的人，一起享用

牛田洋螃蟹那点事之"老处女"
——膏蟹

我们吃到的仁红膏腴的螃蟹,实是"厚养之物"。将螃蟹置于微生物、腐殖质、食饵丰富的塭池中"厚养",让它营养过剩,膏蟹即告诞生。至今,螃蟹的一种烹调方法让我一想起来就垂涎欲滴,是我儿时的"情感"美味。儿时,我每每"冒险"捉到一只张牙舞爪的大膏蟹后,根据乡里大人的指点,将膏蟹蟹壳剥下,除去蟹肚、蟹嘴,点起小火炭炉子,将蟹壳像盘子般置于小炭炉子上烤炙,用一根竹片边烤边搅拌,俗话讲"姜条虾蟹味",尊法置入少许姜丝调味,搅拌间,蟹膏独特的香气飘然绕梁,啖之,直教人忘忧忘愁。

至于海洋中的"冬蛴",顾名思义是冬天时令的海产品。这个时节的"冬蛴"同样也是仁红膏腴,它是概念中海洋里的"膏蟹"。值得一说的是,海洋里的"冬蛴"是一经交配产卵即结束生命历程的生物,据说海洋里仁红膏腴的"冬蛴"即是在茫茫大海中寻觅不到"情人"的"老处女",一年又一年,郁闷纠结的"冬蛴"错过了"恋爱婚姻"的机缘,于是乎成了人见人爱的仁红膏腴的"冬蛴"。

看你张牙舞爪，还能"横行"多久

吃螃蟹之浓淡二法

关于吃螃蟹的方法，其实有非常多种，市面上常见的有清蒸蟹、油焗蟹、豆酱焗蟹、姜葱炒蟹、咖喱焗蟹种种。经多年试吃，吾最满意两种吃法，为清香原味与酱香浓味。

先说酱香浓味吃法。把蟹清洗干净，斩件，特别要强调的是螃蟹清洗是真功夫，如果蟹屎清理不净，那么多美好的调料都没用。螃蟹处理好，用半斤五花肉切片，平铺砂锅中，蒜米20粒，干炒至金黄，放在五花肉上，然后将豆酱粒研成泥，加少许白糖兑半匙肉汤，加少许鱼露，然后把斩好备用的蟹每块蘸一下调好的豆酱汁，把蟹平铺在蒜米上，然后盖上盖子，大火烧开改小火，10～15分钟可上菜。此菜特点是肉香、蟹香、豆香融合在一起，五花肉、蒜米的熟化也恰到好处，不失为下饭的"神品"。

清香原味吃法为上上之选。做法为整只蟹先用冰水泡晕，洗干净，用大锅放深水，蟹冷水下锅，文火细煮候水温至75～80度，俗称"蟹目水"时，关火，将蟹捞起，放入另一锅中，加入两大匙肉汤，两匙水，加盖大火烧10分钟左右，视蟹大小而增减时间。这样烧出的蟹色泽诱人，鲜红干净，原味尽现，与干白为绝配之品。

五花肉焗蟹

清肉汤焖蟹

潮州官塘啖鱼生

潮州人啖鱼生的历史可追溯到唐宋年间，据说发源地为潮州的官塘镇，只有官塘人制作的鱼生，才是最正宗之品。每逢中秋佳节，官塘人有用鱼生祭拜月亮的民俗。中秋节那天，官塘镇家家户户动手制作鱼生，然后男女老幼围而坐之，边啖鱼生边赏月，悠然自得，惬意快哉。

百闻不如一见！不久前，吾前往潮州市潮安县官塘镇品尝鱼生。官塘是韩江边上的一个小镇，可能是近水的缘故，鱼生美食应运而生。一进镇里，哗！果然名不虚传，整个小镇有几十家经营鱼生的食肆。朋友将我们带进一家简朴的食肆，店主笑容可掬地招呼我们入座后，利索地从一个水池里摸起一条鲩鱼（草鱼）来。店主介绍说，摸鱼的动作要温柔悠慢，千万不能吓着鱼儿，否则鱼儿受惊挣扎，肉质就会受影响，吃起来口感就差。真是"走火入魔"的食经！

店主将鲩鱼摆于鱼案板上，用一把平口大刀对着鱼脑袋猛拍一下，将鱼拍晕，再刮掉鱼鳞，然后用一把小尖刀剖开鱼腹，掏出鱼内脏。紧接着，店主在鱼皮边上削刮，"唰"的一声，撕剥出整片鱼皮，又换了一把弧形的大刀起出两大片鱼肉来，三下两下，鱼就杀好了。接着，店主拿出一块干

潮州鱼生佐料

净的毛巾包住起好的鱼肉，将鱼肉的血水吸干，换上一块没沾水的案板，摆上起好的鱼肉，用平口大刀飞快地将鱼肉切成薄片。吾挑起一片薄鱼片端详，薄且透明，难怪鱼生片有"玻璃肉"的雅称呢。

店主拿出一个圆竹筛子，筛子中间摆好预先备好的配菜，足有十余种之多，萝卜丝、腌萝卜干丝、姜丝、辣椒丝、蒜头片、芹菜、芫荽、大葱头、"金不换"叶、青橄榄、油甘子、胡椒粒，以及不可或缺的酸杨桃（即阳桃）片等等。店主用手将薄薄透明的鱼生片抖撒在竹筛子上，再撒上白芝麻，端上桌来，然后递给客人每人一碗用花生油与芝麻油混成的香油。店主介绍说，混合油的配比取决于客人的口味要求，官塘鱼生店的惯例是花生油比例比芝麻油大些。香油稍热一下，加入南姜末、"蒜头勝"、豆酱即成。而潮州庵埠镇一带人们啖鱼生一般不蘸香油，佐之以酸甜的梅膏酱。

店主还介绍说，做鱼生的鲩鱼一般取自山塘用草养大或是韩江中捞来的新鲜活鱼，如鳞箭鱼等，其污染少，肉质好。而喂饲料长大的鲩鱼杀好后鱼肉很快就会变软反潮，用草养大的鲩鱼（草鱼）则不会。吃鱼生的季节是冬季，鱼肉片完挂在铁钩上，让干燥的冷风吹上一个时辰，鱼肉干爽胶润，

鱼生前期处理：放血

口感一流。

我们于是在店主的指点下，夹起鱼生片和配菜一起放入香油碗中蘸油后大吃起来，顿觉得满嘴溢香，顺滑爽口，还有那酸杨桃片，直酸得人皱紧眉头做鬼脸状，特别开胃解腻，堪称天下之美味也。不一会，店主还将剥出来的鱼皮用开水涮过，切好摆上竹筛。我们一尝，清脆甘香，别有一番风味。我们边啖鱼生，边啜烈酒，吃得不亦乐乎，满嘴溢香。汕头有喜啖生食的老饕者，近便可移步至比邻的潮州庵埠。但要领略最正宗的鱼生又能赏赏江景者，非潮州官塘莫属了。

鱼片风干

虾刺身

晶莹剔透的鱼生可以吃了

粿汁不是喝的

汕头市金荷中学斜对面报春园洪阳粿汁

老姿娘夜粥中间小巷内老姿娘粿汁

汕头市长平路（近金新南路）

四季供应

一说起潮汕一道有名的小吃"粿汁"，外地朋友很诧异，喝的"果汁"怎么能算是小吃？当然，此"粿汁"非彼"果汁"也。在潮汕，但凡用米磨粉做出来的食品，统称为"粿"，就像另一道潮汕小吃"咸水粿"，也不是咸的水果。这老婆饼里不也没老婆吗？！

潮州经典的粿汁，是由米浆烙成薄饼而后剪成角状，俗称"粿角"，水沸投入煮熟并和以米浆调成半糊状即成，吃时在其上叠加卤五花肉、卤猪大肠、卤豆干、卤蛋等卤味，丰俭由人。粿角烙得好坏一般差别不太大，一碗好的粿汁，最精彩处全在这锅卤味。

汕头、揭阳等地则还有另外两种粿汁，也算是另外两个流派。一种只与潮州粿汁略有不同，即把手工粿角换成粿条，原因可能是菜市场面食档上粿条更普遍易得。这一流派，代表的有汕头市长平路的"老姿娘粿汁"。这家开在小区里的无名小店，地方隐蔽，却有着20多年的历史，一锅浓香的卤味做得一丝不苟。

另一流派则是揭阳普宁的清汤粿汁，是将粿条汤里的粿条换成粿角。一同

"老姿娘粿汁"的粿汁（浓香型）

鸭蛋

猪大肠

秘制老卤肉

焯烫的还有猪杂、墨斗鱼须和青菜等，没有米浆的勾芡，汤水清爽鲜美。汕头广厦街有这么一家干净讲究的小店值得一试。

粿汁无论作为早餐，还是三餐间的点心，都是非常不错的选择，快捷，美味，舒坦。而我最爱早餐来上一碗，叠满丰盛的卤味，一碗下肚，能量满满，一天都会笑。

米浆烙成的粿皮

焯粿角

八爪鱼

清香型粿汁

花生酱与肠粉的浓烈"爱情"

清晨的第一声早安，入夜临睡前的最后一声晚安，你与谁说？多半是最亲密的人吧。作为一名吃货，道早安晚安的最好对象，莫过于食物。在潮州，这位与你互问安好的"亲密爱人"，很可能就是"肠粉君"。因为肠粉摊档，一般只在早上或晚上出现。

潮州肠粉，与广州布拉肠，甚至潮汕地区其他地方的肠粉均有差别。其大异处，是淋酱的重口味，是那勺盖满肠粉的花生酱。调和了沙茶酱和酱油的花生酱，浓郁咸香，裹住每一寸雪白的肠粉，两者"缠绵悱恻"，如谈一场浓烈如胶的恋爱。

你若来潮州，不妨让"肠粉君"给你一个深吻，热烈地问声"早安""晚安"吧！

潮州肠粉最重要的佐料是花生酱

吃货的驿站——潮商游艇码头

外地吃货来汕头觅食，多以为此地无非就是些街头巷尾的特色小吃，虽接地气，却难登大雅之堂。尤其是甜蜜情侣或小资旅友，想找个风景尤佳、歇歇脚喝喝下午茶的地方也愁无去处，唏嘘感叹在汕头这样一个海滨城市，享用美食的同时不能同赏海天一色，真谓辜负了滨海盛名。

所幸，自2014年年底有识之士花巨资利用原汕头粮食码头，打造了一"高大上"好去处，这里便是汕头潮商游艇码头。外地来的吃货在尽享美味之余还可到这里，沐浴徐徐海风，看碧海青天、群鸥斜掠，港湾中诸艘白色游艇在水波中摇曳荡漾。手捧一杯香浓咖啡，或温暖红茶，真正欢叙也好，借景自拍也罢，怡然自得。何况持此小书而去，热情好客广交天下朋友的老板还将为你免费奉上午后咖啡一杯，任你尽享汕头美丽港湾的旖旎风光。

不知不觉畅怀谈笑间，抬头忽见落日熔金，夕阳西下，汕头一湾两岸的华灯初上美景尽赏。至此汕头之行君已了无憾矣。

潮商游艇码头外景

许多新人在此心旷神怡之驿留下倩影

潮汕 "圣果" ——三棱橄榄

四季供应 ◔◔　汕头市潮阳区金灶镇官母坑村 ◉

据说橄榄栽培历史已有两千多年。我国主要种植地在南方，以广东、福建为主。大多数橄榄初嚼味微苦涩，经过慢慢咀嚼后苦涩渐消，甘甜味源源而生，可意为苦尽甘来。因这样的特点，古人称其为谏果、忠果，也有称为青果者。古有谚语，"南国青青果，涉冬始知摘"，所以果出年末，潮人家家户户度春节，家中必不可少。但吾自小不喜之，因大多数品种苦涩，嚼后生渣，常呛得咳嗽不停。

宋代诗人有一橄榄诗："江东多果实，橄榄称珍奇。北人将就酒，食之先颦眉。皮核苦且涩，历口复弃遗。良久有回味，始觉甘如饴。"（宋·王禹偁《橄榄》）此诗准确地道出了橄榄的特性，也道出了北方人没吃过新鲜橄榄的情景。但吾在20世纪90年代中期有幸初尝产自潮阳金灶镇的老树三棱橄榄后即视之为珍物。其与大多数品种不同的是，未入口而抓两颗于手心，细搓5分钟后食之，半日手有余香，心旷神怡也。入口细嚼，皮脆肉甜，甘香韵重，弥久不消，非其他品种之苦，渣则全无踪影，微涩一过满口清香。特别是节日里大鱼大肉过后，口啖两颗即腥腻尽去，津至舌底生矣。

三棱橄榄

千年的风霜雨露孕育出一颗颗回味无穷的小精灵，它就是三棱橄榄

当你看到这个梯子的时候，你就能理解这种橄榄为什么这么贵

清代有诗人魏秀仁写橄榄诗，吾怀疑其写的便是三棱橄榄也。诗如下："饷郎橄榄两头尖，上口些些涩莫嫌。好处由来过后见，待郎回味自知甜。"（《花月痕》）可见与三棱橄榄暗合也。此地异果珍奇、产量有限，加之商家炒作，一时"洛阳纸贵"，价格不菲，也只能偶求些许解馋也，但外地朋友到汕头有机缘者还是值得一试也，现在市区也有专卖店了。

金灶镇官母坑村以三捻橄榄闻名于潮汕大地，最老枞的三捻橄榄树位于"豪地"。该树种植于1494年，历史悠久，至今已有520多年（2014年11月经广州市园林科学研究所监测中心鉴定）。其地理位置非常独特，土质、水源俱佳，无污染，树身周长3米多，约需三人合抱；高约16米，足有4层楼高；覆盖面积近600平方米，有将近两个篮球场那么大。周围群峰耸立，溪水潺潺，其亭亭如盖，傲然屹立，雄姿直指苍天，如此老当益壮，似在嘲笑岁月之刀，群山也为之逊色，可以称得上橄榄树中的"老祖宗"。曾在1978年结果735公斤。果实成熟时呈三棱（捻）形，其果皮光滑而呈金黄色，肉质爽脆而不粘核，味道甘香而无涩味，令人回味无穷，且营养成分高，是橄榄中的珍稀品种，也是三棱橄榄中的至上之品。

让你永远品不够的"神物"
——潮汕工夫茶

游吃潮汕有一必不可少的项目，便是品工夫茶。不知从何年代开始，胡桃小杯浓烈汁，却把苦药当茶饮，这便是潮汕饮茶习俗的缩影。但一方水土一方物自有其道理，特别近年来随着生活水平的提高，潮汕人更是把过去粗饮解腥腻的药茶逐渐提升到了另一文化层次。但不管如何变迁，这种饮茶习惯对于潮汕人保持好身材依然起到功不可没的作用。要不您看，潮汕人很多吃夜宵到凌晨二二点，却少见大腹便便者，这应是尚茶的功效。您到潮汕，您别试图弄懂茶，也不要轻易想玩所谓的茶道，因茶是一种最让人自以为是的东西，特别加上商家的故弄玄虚。所以简单的问题不要复杂化，除非您是研究者，或专家。

其实茶就是一种饮料，它只分好喝不好喝，健康不健康。当然要知道什么是能喝，什么是不能喝的茶，说起来简单，探索就不易。吾痴茶20多年，为了让喜茶之人有好坏的标准，穷半生精力，打造了一个全国性的茶样库，可以让喜吃又喜茶的同道中人相互交流，提供一个能让人深入浅出的学茶平台。所以凡提本书到访者，本人将捧好茶以待之。但须说明的是，这纯属交流心得，带商业目的者恕不接待。再次说明，此小文中前面提到关于潮汕茶的点滴见解，可能有很多人，特别是某些茶学者，会有异议甚至对吾之论点大骂出口，所以吾必须声明：吾非学者，亦非专家，只是喜茶，只是个人见解，也是站在客观解读上去谈所谓的苦茶、药茶、粗茶，这是站在外地人的角度去谈的。所谓久居鲍鱼之肆而不知其臭，因此对于事物我们不能只站在自己的角度去说别人的感受，这算声明吧！

注：欲往茶样库者，可先微博或微信预约。

凤凰乌岩山的早晨，你说这里的茶，它能没仙气吧？

这里海拔 1280 米，天池近也

一棵神奇的树，它已逾 500 岁

浪菜

晒青

凉青

挑梗

好茶出也

泡茶前虽不至于沐浴更衣，但也得正襟危坐，尊重每一泡茶

茶颜汤色

口渴了，我就想喝杯茶而已

茶作为世界上三大纯天然饮料之一，本来受众最广，人口多的国家都爱饮用，但它在全世界普及的广度、深度都远不及咖啡和红酒。个中原因一直困惑着我，后来经过自己探索和思考，个人感觉这其中因素，就是国人太喜欢故弄玄虚，本来茶就是饮料，但太多茶商或所谓的文人、专家一说到茶就往文化上靠，而且越演越烈。看当今，喝茶喝得像是做道场，麻衣、大褂，还不如小沈阳的苏格兰情调裤，如此折腾，普罗大众怎么喝茶？

以茶为本是我这几年一直努力推动的目的，喝茶就为了解渴，它比其他饮料健康，只有平常化、直接化，才能发展、普及。像星巴克一样，咖啡可以打包走，一杯茶是否也可以打包走呢？近日，刚好碰到几个年轻人都是爱茶的，还假装有点追求，聊起竟然深有同感，所以他们决定创业就做个茶吧，采用真正的高山好茶，纯料泡出一杯可以带走的茶，还豪情大得准备在全国开连锁，希望能把中国的茶用另一种模式去发扬光大。由此他们也希望我能当他们茶叶的品质总监，我一时兴起也欣然答应，但条件一个，有拿我的书第一次前去的，所有茶饮任喝免费，他们也高兴地接受了，他们做的就是一个年轻的茶吧连锁——"喝茶吧"，具体连锁店名称和文艺范还没装扮好，已经着手做了一个有着浓浓老区情怀的包装，让喜欢喝茶的朋友可以轻松地把各种茶带回家。在本书截稿时，他们已在潮州的旅游胜地"牌坊街"开了一家小小的体验店，希望让各地来的朋友可以简单喝杯茶，轻松带点有意义的茶手信回家。但他们能发展得怎样、能走多远，我也只能拭目以待了。希望他们的连锁能开满中国大地，那样我的读者就到处都能免费喝茶了。

人篇

漫谈妈屿岛逸事之二 · 梦游公平国

岁月匆匆，转眼间又是一年中秋时节。秋风起兮，天气乍寒还暖。

是日吾感郁闷，独自一人至妈屿海边，在秋风寒涛中，清醒自己。泳毕，在农舍中，面海独斟，酒过几杯，仿佛间来到一地，灯红酒绿，看似繁华之所，一时不知吾是何人，身在何处。正愕然中，猛抬头看见有一界碑，上书"公平国"三字，吾入而居之，做起小买卖，时日一久，也与公门中人多有往来。

公平国中执政者为平等族，由平等族一族决策，所以，国中人以能入族执政为荣。与吾来往者有一仁兄，姓关，名耳，官不列级，相当于亭长之位，也能呼风唤雨而鱼肉四方。吾与其熟而问之：平等族之执政何如？公平国之前景何如？其言曰："族内腐败也。"言下之意唯其独清，吾听其意愕然："尔不腐败何来此等奢侈之生活？"另有一友，夫妇皆在公门公干，也春风得意而日日高蛋白。偶与吾相聚，而自语其清贫，也评族内其他族人腐败，吾忍而不过，问之："以尔等之俸禄，不腐败何来此等生活？"其无言以对。吾思之多日愤而不平，提笔疾书三十余万字，上陈当朝丞相度高珍，细列平等族内基层之腐化情况以及民众之怒，吾也自动请缨，愿

台风过后

为包爷第二。上书完毕吾摩拳擦掌，苦等数月。

一日，忽来一班公门中人捉吾至一所在，问吾可知罪，吾说不知，其出示判书一份，此为当朝丞相度高珍亲书，判书曰："尔一布衣商贾，不学无术，也轻言政要，尔不解事物之大义，我平等族如无上下平等，共享族内权势，何来族之和谐？此为平等也。然此平等只为族内之平等，而非与尔等共平也。而尔妖言惑众，不可轻恕，现判尔死刑。念尔尚有怀国忧民之心，特赐尔在享受我族之福事中亡去，以便尔下世投胎之后，尽早入我族门共享平等之福。"话毕，出来八名貌若天仙之美女，不由分说，把吾架起进入一红楼之内，内有一池，酒气冲天。八名美女除去吾之遮羞物，把吾投入池中，吾入池一尝，却是陈年五粮液也。吾不解其意，在池中乱泳一番，随后众美女捞起吾置于一红罗帐中。此时吾已酒意朦胧也，忽见八名美女一齐宽衣解带，随后向吾扑来，用柔若无骨之玉指在吾身上纵横游走。吾浑身难受，意乱情迷，郁热不停，心想此等死法天下一绝，乃平等族专利也。也罢！老夫就此去也，以便来生尽早入此公门共享此福。

想毕，提掌运气往脑门用力一拍，痛彻心肺而醒，原来是南柯一梦，往身上一看，惨也，原来是乌脚蚊一群叮住我每寸裸露肌肤，尽情吸血，吸得只只肥硕。吾心想此是何世道也，尔等小小逆虫，竟也敢戏弄老夫，吾惹不起，只能躲之独善其身，以续后梦。

妈屿岛上的风景

美食家的"朝圣地"——潮菜研究会

潮菜研究会，是在一群吃客的闲聊中产生的。研究会的发起人，无一人是从事酒楼餐饮业的或是专业厨师，但研究会却影响着整个潮菜与汕头"美食游"的命运。这不得不从一个人说起，他就是潮菜研究会的会长——张新民。

张新民一介书生，职业为记者。吾与其神交是从其早年在《汕头特区晚报》上开专栏，写潮汕民俗，守望潮汕，吾赏其对历史文化的认真与探索精神，如此拜读数年。但不知何时开始，汕头美食界却悄悄流传着津津乐道的"新民家宴"。吾从小天赋异禀，吃货一枚，对此也不以为然，认为其不过是记者身份，与他人互吹互捧罢了。直到某日在汕头一"七豪"的平房院落中，与新民兄初识，客套过后话入正题，谈食论饮是也。一席"吃话"便使吾对其食理之通心服口服，又兼为人谦逊，话语风趣，偶有荤段，俗称文人"浪话"，自此承新民兄不弃，视为知音。那时在汕头能到新民兄家中就宴者，非官则贵，或各地好吃之名流，吾无名小辈，也承蒙新民兄屡留末位相陪，以窥其至味之妙手也。但新民兄是时乃报社职员，工资寥寥，又生性好客好面子，所以常倾其所有接待同好。又适逢其时吃货当道，全国媒体吃家纷至沓来，以致应接不暇，经济也成压力，又成民间美食接待站，花自己的工资带动汕头 GDP。吾等共识此非长计，也不利潮菜的革新与推广，亦在周围挚友的力促下，以新民兄为首成立了潮菜研究会。潮者潮味之潮，也为潮流之潮。前者为求固根以潮为本，后者为求变新与时俱进。潮菜不应停留在街边小贩，应适时顺境而变。在潮菜研究会成立近两年时，欣喜地看到了早前的设想一步步实现。两年来，潮菜研究会在新民兄的执掌下，全国以至海外吃家名流蜂拥而至，每到者好评不断。吃评家董克平先生竟以"每每梦回，潮菜研究会的（美食）余香绕梁矣"来评论潮菜的精髓。所以在全国美食圈有这么一不成文说法：到了潮汕，你没到过潮菜研究会品过张新民手艺，便不可自称在美食圈混了。当然这是吃家们的一种笑谈，但在吃货当道的今天，潮菜研究会实已成为好吃者的"朝圣地"了。吾在提笔写此文时，也希望把新民兄的些许得意菜品及其制作方法与全国食友共享。请看名家菜品。

花椒焗蟹

脆皮婆参

蔡昊，味道融合的奇才

蔡昊，土生土长汕头人，英俊的五官和修长的身材上常透着某一种不是
让所有人都喜欢的傲气，但没办法，他值得傲也有底气可傲。一个人用
自己的主观意识去呈现你的菜时那只能算是初级阶段的水平，当你能融
合各方味道及大众口味需求，然后去呈现则是世界观的问题，当然，这
是蔡昊的话。但品尝老蔡的菜确实需要学识，因老蔡做菜是半路出家，
非科班，关键他是一个极具味觉天赋、综合了后天化学知识的处女座极品，
对于每道菜的每个细节都苛刻得近乎变态，懂得巧妙地利用化学原理与
现代工具去演绎美食。

与蔡老师的每一次谈酒论菜，都是在感悟人生的精髓

焗胶

例如图中潮汕人常用的高级食材，白花胶（鱼泡），蔡昊知道它的膨胀率是1：6000，知道它的熟化点与分子结构，所以他做的传统焗花胶，口感不硬不烂，恰到好处，加上对味道的独特理解，利用了多种动物肉脂去化解鱼胶的腥味。

再如，这道鹅肝与鱼子酱的大胆搭配。这两种食材占了西餐桌上三大高级食材之二，而鹅肝与鱼子各有其不同的腥味，很难融合。但蔡昊用了洋葱及其他植物元素，再加上用现代工具为鹅肝脱脂，使其香而不腻，令人在软粉的鹅肝酱中渐进式地感受了鱼子在口中那稍纵即逝破壳爆浆的愉悦。

鹅肝鱼子酱

腌虾蛄

又如，这道更传统的食物——腌虾蛄（螳螂虾）。这道菜在潮汕上至酒楼下至街边小档无处不有，但吃了蔡昊做的才真正感受到了一个极品处女座做出来的精细潮菜是怎样的。这虾蛄他用自创的低盐腌制法腌了12个小时然后快速急冻。上菜时把一整个利边无数的虾蛄给剪得干干净净，让人吃起来一点刺嘴感都没有。在轻吮那带冰的虾蛄肉时不禁想起了我的初吻，欲罢不能，又怕把她融化了。也难怪近年许多港台明星蜂拥而至，可能就是在老蔡这里吃饭能吃出初吻的味道吧。但国内也有人说他做的不是潮菜，也有人说他做得不好吃，这些都不重要，重要的是，他把潮菜带到世界，也让世界上很多名流接受了他。就连那踢足球的小子贝克汉姆也经不起诱惑，花了大价钱请他去做潮菜。

但这也不重要，最重要的是他是潮汕人。

香煎英歌鱼

清汤菜胆翅

裙边捞饭

年糕炒蟹

好酒好菜 工作室

～～～～～～～～～～～～

前菜

暖胃汤　小菜三味

头盘

炝虾蛄　鹅肝鱼子酱

主角

焗胶　清汤菜胆翅

配角

年糕炒蟹　鱼卷　紫菜蟹肉饼　香煎英歌鱼

主食

裙边捞饭

甜品

胭脂红官燕

"建业"，潮菜酒楼的坚守者

近年来汕头美食声名鹊起，与许多外地朋友交流也离不开吃的话题。前几年，一聊到潮汕美食，便沾沾自喜地以为潮汕美食甲天下，但假以时日，再有朋友问到美食攻略时便发现语塞，除了"老三样"：牛肉、卤水、海鲜，还有什么呢？"高大上"的如三两家私房菜，普罗大众的酒楼"拿得出手"的我自己想想都汗颜了。还好有一家坚守了20多年，那就是建业酒家，说到这里，可能读者以为我在帮它卖广告，其实不然，一家商业的酒楼要多年保持相对稳定的出品，又能适时地推陈出新，谈何容易。

这么多年过去，扑扑倒倒的酒楼何其多，要说出一家环境优雅，菜品能代表潮汕的又有哪家呢？除了"建业"我真的想不出。所以潮汕酒楼的发展任重道远，潮汕的美食不能永远停留在老社会的什么什么的小食与"脏乱差"的路边店，与时俱进非常重要，所以期待着更多比"建业"好的酒家出现。

冻红蟹

粗略介绍几样建业酒家的名菜：

冻红蟹。现代的非常传统的原味，一只"唇红齿白"的大红蟹与一瓶白亭那才是顶尖的潮味时光。

手撕鹅翅与独家卤制的一片鹅粉肝，配上一杯干红，绝对是现代潮菜的经典。

鱼饭。渗入了动物脂肪的鱼饭，独显制作者对精细潮菜的理解与功力。

不得不说的是那一道能引起味觉高潮的甜腊肠芋。芋头是甜的，腊肠是咸的，常把咸甜二味烹调在一起者，非潮汕人莫属了。这道菜也是到了建业酒家非点不可的"销魂"之物。

羔烧腊肠芋

还没撕的手撕龙虾

夜，那巷，一碗白粥的盛宴

来到汕头觅食，除了耳熟能详的"老三样"：牛肉、卤水、海鲜以外，另一项不得不谈的就是汕头白糜（即白粥），然而在一般人的印象中，白糜摊档是街边、价廉、卫生差、将就的代名词。但它大众、方便，满足了全城的夜归人。近年有一个做白糜的人，他叫阿城，他有着典型潮汕草根男人的特性，传统、执着、勤劳、敢闯、敢拼，这个"敢拼"体现在他经营的白糜生意上。刚开始做白糜，阿城也跟其他白糜摊档一样，从最简单的菜式入手，用隆江猪脚，加咸菜，作为他的主打菜式，但在经营过程中，他慢慢地尝试买入一些好品质的海货，来给客人选择。刚开始不出名，生意不稳定，经常下午买入的高端海鲜无人问津，他便在收档前都煮了与伙计分享。有人劝他冰冻后明天卖，他说："客人吃到不新鲜的食物还会来吗？"

所以他一直坚持找好的海货来充实他的夜摊，慢慢地在吃客中就流传了起来：在金砂东路的闹市中，有一条陋巷，那里有一间全市最奢侈的夜摊，好吃，但贵。可是阿城不管人家如何评价，都继续着他一贯的固定工作，每天下午必定亲自前往市场找最好的海货来经营，但阿城自己也不知，因他总是以卖白糜的小弟自居，全然不知自己已经把白糜经营上了"云端"，

如果米其林有评白糜摊的话，我想三星非他莫属了。但出名了也有麻烦，就是生意太好了，那条街经常塞车，全国各地吃家纷至沓来，他的夜糜摊也是一个必到之处。出了名的阿城依然我行我素，照常着他的规律，每天依旧自己采购，不显山不露水，也不张扬，只是在遇到刚认识的朋友时，人家问他："你卖白糜的摊档在哪里，有没有店名？"时他才不好意思地说："我的白糜摊档叫'富苑饮食'。"

很多外地客人在夜幕降临时，来到"富苑"，没有一人不发出惊叹声。这里人头涌动，座无虚席，几大锅热气腾腾的白糜，不失时机地翻滚着；那一排排琳琅满目的"打冷"（珠三角及港澳地区对潮汕夜粥的叫法），从高端鱼类到普通海鲜应有尽有；珍稀壳类、响螺、角螺、龙虾、鲍鱼，种种让你垂涎欲滴；卤水、青蔬、杂咸种种勾起了多少游子的思乡情！每次出差外地回汕，有朋友接机问去哪里，这还用问吗，肯定是去"富苑"找阿城了。

咸菜炒红肉

潮菜天下 富苑美

砂锅白粥☎88887683 富苑飲

当夜幕降临,在鮀城的大街小巷,这一幕幕的馋人画面是否勾起了许多游子的乡愁?

记十里洋场·潮菜新锐刘松彬

与松彬相识于潮菜研究会张会长主持的一次饭局上。有饭局吾基本上第一个先到侍茶。水才开，门铃响，吾起迎客，正昰松彬，吾不识，点头相迎落座。松彬给吾第一印象很一般，魁梧身材，面相颇有梁山风格，隐隐江湖气。至席间与吾相邻而坐，在言谈中酒过三巡，吾即对其另眼相看，悔人不可全貌相也。

经张会长介绍，始知松彬为全上海最高端的潮菜酒楼——上海潮府馆行政总厨也。其在2010年带领一班同僚以潮菜代表"八大菜系"之粤菜参加了上海世博会，其间接待了来自各国的政要及国内部分领导人，好评如潮，使潮菜在国内乃至国外的知名度节节攀升；更于2012年再接再厉代表中国菜参加了韩国丽水世博会，获得了空前盛誉。特别是松彬作为潮府馆的运营馆长，在韩国接受了多方挑战终不辱国之厨威。然让吾另眼相看的是年纪轻轻的他虽有诸多光环与荣誉，在席间言谈中却谦逊有加，虚心求教，外粗而内细。特别是在与吾谈及其也常观书籍找烹理时，吾即有相见恨晚之意了。及至后来吾推荐松彬看前食家陈梦因的书，至第二次见面时，松彬与吾说道他托人在香港买了全套《食经》及陈梦因所有其他著作，吾即暗想，候此人方刚气血稍消时，必成潮菜之大师也。

果不其然，特别是在两年的交往中吾发现，松彬无处不学，就连吾这"野路子"的家常小菜其也不放过。两人聚，偶有小创其即欣喜细问，如此艺焉不精乎。其于 2014 年更获殊荣，上海亚太经合组织会议期间，潮府馆作为宴会接待，接待了哈萨克斯坦的总统一行。松彬亲自堂灼了潮汕名菜角螺片供其享用，让异邦政要感受了潮菜的精髓。作为在外谋生的潮汕厨师，能得此成就，吾将其列为潮菜新锐的代表实不为过也。这里也要特别感谢松彬，因松彬知吾提笔写书，实为腹无余墨料不多，为帮吾凑成此书，欣然应许，愿提供多年从厨心得，与些许菜品的制作方法与读者分享，在此一并谢过。

以下为刘松彬菜品。

煮糜

主料：米 400 克

辅料：水 3000 毫升

工具：砂锅

制作方法：煮

1. 先用龙川矿泉水 1500 毫升和纯净水 1500 毫升，倒入砂锅烧开。

2. 将选用的一年一造的大米洗净后，倒入，人不离炉、手不离勺，猛火一直搅拌直到米粒爆开腰即可，离炉后 5 ~ 10 分钟食用最佳。

特点：爽口弹牙，有一股幽幽蛋香味。

清甜姜薯汤

主料：姜薯 500 克

辅料：矿泉水 1000 毫升、冰糖 250 克，炒好的白芝麻 100 克

工具：砂锅

制作方法：煮

姜薯去皮、洗净、切块，放进砂锅，加入矿泉水、冰糖煮开，改为较小火保持微开，煮 6 ~ 8 分钟，让姜薯熟透，关火，撒上白芝麻，即可食用。

特点：潮汕风味，口感清甜。

太极护国菜

主料： 菠菜叶、上汤

辅料： 蟹肉、蛋白、鲜草菇

制作方法： 煮

1. 先将菠菜叶入水，加入少许小苏打粉，然后捞起放进冰水里过冷漂净。

2. 把过水好的菠菜叶用搅拌机打成泥，待用。

3. 把蟹肉落鼎（炒锅）微炒，加入上汤，调好味道，加入蛋白，用勺推开，加入少许生粉，调成羹状倒起，待用。

4. 把鼎洗净、烧热，加入适量蒜头油，把鲜草菇放入鼎中炒香，加入菠菜泥上汤煮滚。关小火，加入适量盐和少许鸡粉，加生粉打芡，调成羹状，装入点灯盅。再用公勺推入调好的蟹肉羹，主要放在表面，形成太极图案，再用汤匙点上太极图案盅的两仪。

特点： 图案精美，颜色鲜明，绿色养生，素菜荤做。

蟹肉炒松针米

~~~~~~

原料：松针米 400 克

辅料：榄仁、蟹肉、红萝卜末

配料：精盐、鸡粉、上汤、麻油

制作方法：炒

1. 将松针米蒸熟，待用。

2. 烧鼎落油倒入松针米炒热，加入榄仁，蟹肉、红萝卜末，加入配料调
   制芡汁，炒匀即起。

特点：口感香糯，菜品美观。

309

鱼仔鼎

~~~~~~

主料：细英歌鱼3条、沙尖鱼3条、黄泥猛鱼3条、细龙舌鱼3条、小
　　　　白枪鱼3条、虾6只

辅料：蒜头油25克、盐一茶匙、味精半小茶匙、姜汁少许

工具：不粘鼎

- -

制作方法：煎

1. 先将鱼去肚、洗净、切成两段，虾去头刺一小点即可，放进盆里后加入盐、
　 味精、姜汁腌制10分钟。

2. 起火把不粘鼎加入蒜头油25克烧热，倒入腌制好的鱼仔，先大火后
　 小火煎至鱼贴鼎一面成金黄色，然后大翻过来，让鱼的另一面煎至金
　 黄色即可起鼎，倒入装盘。

- -

特点：食材广泛，味道咸鲜，脆香可口。

注：在翻鱼环节须注意，很多人会把鱼翻到鼎外。不是专业人士也可以
　　　用筷子一块一块夹翻过来。

潮菜厨师可以有"黄埔军校"

一个喜欢吃的人，来潮汕，他一定是穿街走巷地把所有美味大快朵颐，但光吃不行，很多朋友还提出要推荐一个可以走走看一看的景点或地方，但作为汕头人的我，此时很汗颜，真不敢带。

后来有次偶然的机会让我灵机一动，今后有地方去了，那就是广东省粤东技师学院（广东省粤东高级技工学校）。粤东技师学院有个叫旅酒部的系，主要培养厨师和茶艺师，特别在潮菜领域，它培养的厨师不计其数。潮菜走向世界，它功不可没！当时的创建者用军事化管理模式培训学生，从基础开始培养了厨师的基本素质。当年汪洋书记来到汕头，在视察了学生的实操课后，欣然提笔写下了"潮菜黄埔军校"的赠语。这也是触动了我带朋友来参观的原因，来到汕头来找我的，不是"饿鬼"就是"馋鬼"，都是"吃道中人"，"吃道中人"肯定喜欢看厨师是怎样培训出来的。特别是每天下午的实操课，看到操场上，几百人齐刷刷地磨菜刀时，你就会感叹，当年抗战时期若有这班学生加入"大刀团"，那日本鬼子早就给赶跑了；在看到百八十人一起用红白萝卜雕龙刻凤时，你就会感受到"须眉不让巾帼"的细腻；当看到一排排学生用锅炒着五到八斤重的沙子时，你就知道一个厨师能用一只手在大炉上翻炒着扬州炒饭时的

磨刀

手功是怎样练出来的。以上种种有图为证。近来学校的领导班子在硬软件建设方面更是精益求精，把每个学生训得生龙活虎。虽然在厨艺上他们学的只是基本功，但这场面何尝不是针对吃货们设计的一道亮丽的风景线呢！

颠大勺

清莲花豆腐

他们还是在磨刀

我的"简烹"工作室

喜欢上烹饪，我也不知从何时开始，也许是小时候资源匮乏食不果腹的缘故吧。

从小到大与人打招呼最常说的一句便是"您吃饱了没？"所以在成长过程中常把能吃饱当成一件大事，到成人时也想过从事专业厨艺，去拜师。但当我第一次踏入酒楼的后厨时，我便落荒而逃。后厨里很多厨师大老爷们光着膀子，汗流浃背，油烟中弥漫着汗味与粗俗不堪的噪音。从那一刻开始，我便打消了学厨的念头。但喜欢是骨子里的事，所以立志假如有一天条件允许，我将打造一个我自己的大厨房，用我自己的方式去把食物最好的味道呈现出来。

到了 2014 年终于梦想成真，我的厨房落成，我把它定名为简烹工作室。简烹，是我个人多年来对于食物和味道理解、探索的总结。这里面有两方面的原因。首先，我希望做菜是可以优雅的，我们可以打着领结，拿着香槟做菜。怎样才能做到呢？那就是简单的烹煮法。那简单能做出好吃的菜吗？答案是 ok 的！第二个方面，是从养生健康角度出发。因近年，饮食风气太过重佐料，追求口感的刺激，添加剂横行，导致人们吃得越多越不

"相煎何太急"：豆浆煮豆腐。一种食材两种状态，相得益彰

橙汁金瓜泥。以橙汁的酸甜稀释金瓜的黏稠感又增加横味

健康，所以本人思索从"简烹"的方式入手，让美食更健康。

我曾花过两个月的时间，把能找到的各蔬菜品种全部用白水煮来吃了一遍，结果发现我们过去对它们太不了解了。因每种食材都有它独特的韵味，你只要能用合适的火候去煮它，它就能给你最好的一面，这也是最自然的味道。我们怎么才能做到百菜百味？那就是要对每一种食材有充分的了解。我们要做的是把食材当中的异味杂味去除，留下我们喜欢的味道，加以小小的佐料去提它的香和美，而不是用大量的调味品去掩盖。

比如 些食物用最简单的方法去处理也能很美味。像白菜汤，白菜本身含糖量很高，煮清水后汤中自带甜味，但火候要掌控好，少火青涩，多火清甜即失，然后加生陈皮以提香增横味（"横味"是中餐烹饪的专业名词，是指在食物中搭配进了能增加味道层次又丰富味觉感受的各种佐料，这种味道不能太强烈，似有若无的，不能掩盖主料滋味）又不盖其真。像汤底，很多酒楼或大师傅谈到一锅高汤，要费多少材料和工夫，其实我自己做一大桌菜需要的就是半斤瘦肉和一片鸡胸肉而已。因猪肉和鸡肉熬的汤虽淡但只须加两颗蘑菇，这汤水立马很甜美。比如做鱼，也可以做得很简单、文雅，只要用点煮好的肉汤。把鱼前期处理好，血水内脏去除干净，特别是腹部的地方一定要清理干净，再用盐水泡一泡，然后用点肉汤慢火浸煮，这样鱼的清甜细嫩尽显。像豆腐的豆香，简单泡下茉莉花水干煎撒白糖，豆香和植物的花香就能奇妙结合。

这种种都是"简烹"的方向，在此也希望看到此书的朋友可以一并探索。

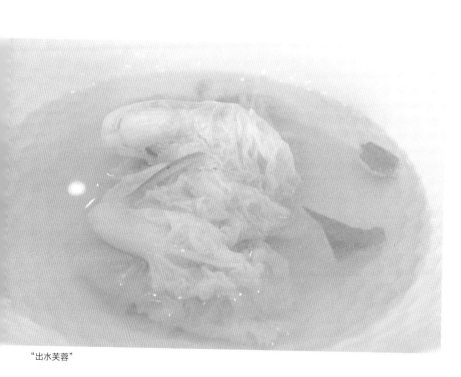

"出水芙蓉"

糟卤小扁蟹（小扁蟹也称螃蜞，常见于咸淡水交汇的江河入海口，个头虽小却肉饱膏黄。江南地区常以糟卤冰冻后食用）

姜汁刺参汤（许多人工饲养的海参需要添加不少佐料才能吃，殊不知海参有其独特的气息，我要做的是把它的原味更为透彻地表达出来）

红带鱼鱼饭

芙蓉白玉芋

"胡说"潮菜史

潮菜之"淡",并非古往今来

说起潮菜,许多人的印象是"清淡",似乎自古以来潮汕人便是天生的养生学家,深谙"平平淡淡才是真"的道理。然而真相是:潮菜并非古今一色,旧时的潮菜,其实是不折不扣的"重油重糖重口味"!

潮菜的做法,追溯到 20 世纪 80 年代以前,应该归为老式潮菜,其风格和现在所流行的"清淡"口味大相径庭。比如潮汕卤鹅,配料用的是酱油中的老抽、生抽、八角、桂皮、蒜头、糖种种,皆为重味之物。又如粿汁、粿条、面等,都不可或缺地要加一勺葱蒜油,味道浓重,满口葱蒜味。而反沙芋、糯米饭、炒糕粿等小吃,都是重油重糖,香甜,浓郁,色泽明亮——在那物质比较匮乏的年代,这样的美食才能吸引潮汕人民,也更能果腹,维持一日的劳动生计。原因是,在古时候,潮汕一带被称为"南蛮之地",属于贫瘠、落后的地区,历史上有不少获罪的士大夫流放至此,例如"唐宋八大家"之一的韩愈,而那时候的潮汕人民,对饮食品味的研究少之又少,能够解决温饱便已不错,所以老式潮菜的浓重味道,便是满足了那时代人民对食物的期待。

然而，随之潮汕地区经济的发展，食客们发现老式潮菜的浓重口味并不利于健康，于是倒逼着厨师们开始寻求烹饪技巧和菜式口味的革新。比如蒸鱼，老式潮菜会放白肉、香菇、葱头、蒜片、姜丝，甚至虾米、酱油等，而新潮菜中则简化为清蒸，铺上葱丝、姜丝、辣椒丝，再淋上酱油和热油即可，手法简单许多，口味也清淡。因而在推崇养生的时代，新式潮菜的饮食文化受到了全国各地吃货的追捧，一时引领了"新时代养生饮食"的风潮。

所以，潮汕饮食并无所谓的传统，而是顺应了时代的变更，在不断地发展着，从"重口味"到"清淡养生"，潮菜见证了舌尖上的经济发展，也代表了不同时代饮食文化的潮流。

潮菜之"鲜"，来自得天独厚

要说"清淡"为潮菜的特色，那么"鲜美"该为潮菜的"特长"了！

依山傍海，潮汕平原的物产丰饶，是天赐的优势，加之四季如春、气候宜人，为蔬菜生长、海鲜捕捞提供了绝佳的环境，取之不尽，用之不竭！扬帆的渔船乘着晨风，在朝阳下就归来了，闹市的吆喝、港口的热闹，如同一幕每日必须上演的本土电影，美妙而亲切。新鲜捕捞来的海鲜还在那渔船上飞跃着身姿，这边买卖达成，主妇们、厨师们，各自欢喜地带着新鲜食材回家。一天的美好饮食才拉开序幕！

潮汕人懂得，只有拥有了新鲜的食材，才能包容清淡手法的烹饪，不必靠浓重的调味遮盖食材的缺陷。以一"鲜"而著称于天下，不可复制的天时地利人和，才是潮菜得天独厚的优势！依傍着这样的优势，在潮汕人家的炊烟下，人人都是"潮菜大师"！

潮菜之"奇"，是为物尽其用

中华民族，在世界范围来说，是一个很"能吃"的民族，上至飞禽，下至走兽，都能成为盘中食物，而广东人又为"敢吃"的代表，所谓"天上飞的，地上跑的，海里游的"，广东人都吃！那么潮汕人，要属广东人的"吃货"先锋了！譬如吃鱼，潮汕人除了鱼鳞和鱼粪，其他皆可入菜！确实使许多人大开眼界——鱼肚鱼肠，鱼肝鱼皮，道道新鲜，处处为宝。历史告诉我们，古时候贫穷的潮汕人民不过是因为人多地少、资源匮乏而想尽办法不浪费一点食材——可谓"穷则思变"，创新的烹饪和独特的选材，不过是困境下"被逼"出来的。

那么，从历史的眼光来看，那段艰辛创新的岁月，未尝不是潮菜发展的一段珍贵的历程。时势造英雄，政治上是，美食上，也是！

历史带给潮汕文明，带给潮汕发展，更带给潮汕美食之路的曲折蜿蜒。潮水依旧，春风依然，潮汕人民世世代代繁衍于此，却也远行，驻扎各地，然而不变的是，潮人们无一不思恋着家乡的美食，思恋着这土地独有的鲜味，这蕴藏在饮食文化当中的乡情，才是潮汕美食的精髓！

展望未来，潮人走出潮汕，潮菜也应该走向世界。若潮菜的厨师们以更大的胸怀去吸收各地的烹饪技术，从科学理论的角度去了解、搭配食材，潮菜就能更好地去适应时代的发展与变化。

汕头美食的旧时光
——李阿伯回忆录

前些日子闲逛老市区，偶遇一位回汕定居的80多岁老华侨李阿伯。李阿伯20世纪40年代初生活于汕头市，回忆起当时的汕头美食，李阿伯话匣子一打开，就谈得两眼生辉、滔滔不绝。原来阿伯那时也算吃货一个。

20世纪40年代初的汕头市，崎碌一带的抽纱生意兴隆，外地来汕头进货的"抽纱客"络绎不绝，位于至平路头的"乐乡"酒楼以其精致的小点和讲究的时菜、时鱼，吸引了不少"抽纱客"前来光临。镇邦街头的"猪肠胀糯米"选用猪大肠头，将糯米和配料塞入猪大肠后，灌入用慢火熬制好的猪骨汤，糯米受热后吸入猪骨汤，熟后味香滑口。

西天巷杨老二的蚝烙功夫更为独到，火候讲究得很，一把"柴皮抽"（刨木花）扔入灶中，就要刚好煎熟一盘蚝烙，熟、焦程度恰到好处，其蚝烙薄且焦，香嫩爽口。

通津街何清的清炖牛肉，用炉火慢炖一天，汤味鲜美，甘而不浓，往往半天时间即告卖罄。

外马路老图书馆旁进去是"大香球"牛肉丸店，那时没有电风扇供降温，故每盆制作牛肉丸的牛肉糜最多不得超过 6.5 公斤，否则会"反水"，夏天制作牛肉丸时还须人工扇风降温，其牛肉丸粒粒落地均弹跳甚高，香脆且牛肉味香浓郁。

老妈宫张德强的双烹粽子制作也极为讲究，制作粽子的豆沙馅装于大缸封口后深埋于地下退尽炒制的"火气"后方可用于包粽子，包粽子时豆沙馅用勝纱包裹，同时配以乳猪肚子部位的三层肉，肥而不腻，甜而不浓，好吃抵饿。

还有新兴街老徐炒糕粿，老妈宫洪添发的白饭桃粿和酵粿，老潮安街揭阳人许氏的泡粿条和饺面，永和街阿特的沙茶牛肉，老妈宫对面的豆花，等等。说着说着阿伯声渐细，吾抬头一看，阿伯满眼困意，口水直流，一缕夕阳照在阿伯满面幸福的美食旧时光里，吾不忍惊扰矣。但阿伯所讲的那些人、那些食事，许多已难觅其踪了。

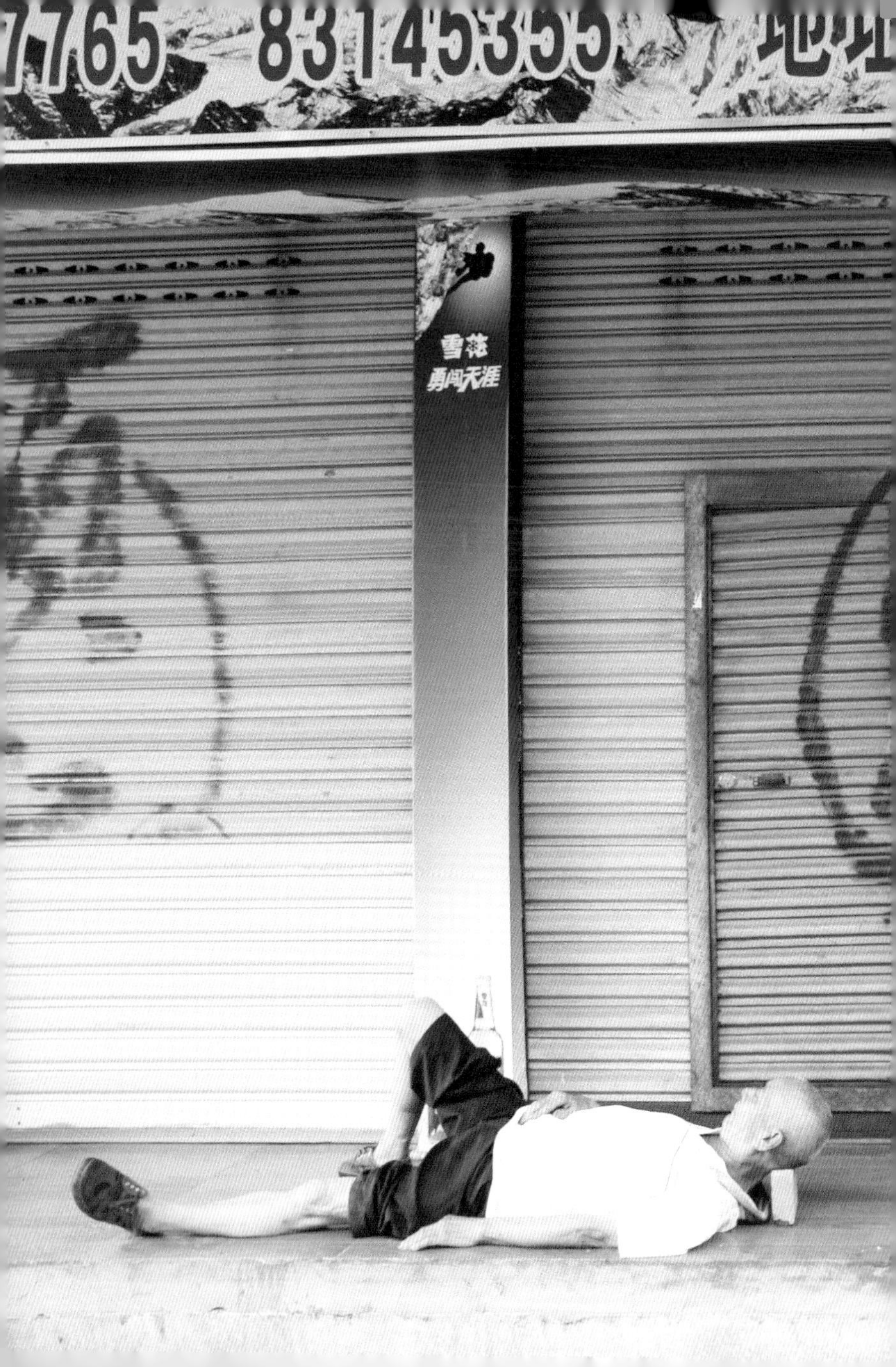

雪花
勇闯天涯

需要感谢的人

为了圆这本饮食书梦，辛苦了多少人！都是友情"惹的祸"，在这一并谢过，但"狗嘴吐不出象牙"的我说着说着就把你"黑"了，你可骂我，但不要绝交。

詹畅轩

男，广州人，年纪不小，个子不大，长头发，短见识。他不是处女座，但有时比处女座还"讨厌"。特别是跟他一块吃饭或工作时，他为了拍好一张他自己满意的照片，会把很多人折磨得半死，连花钱让他拍照的老板都说可以了，他还觉得不行。他天生好吃，为了吃他拼命研究怎样拍美食，靠着镜头"骗"吃"骗"喝。但很多星级酒店、国内名厨就愿意给他"骗"，因他靠的是对食物美的展现执着去追求，他尊重他自己的职业。他"讨厌"得让我不得不经常想起他，有好吃的经常念着他。

柯建宏

男，多才多艺的汕头人。有着海豚般身材的他，到现在我也不明白他会多少手艺，早年懂摄影，会拉小提琴，会玩车，汕头市最早玩美食的人，杀猪屠羊件件在行。但是这些都不是他的强项，最强项者他是"荤段"专家，潮汕话俗称讲"咸古"（黄色故事）。与他相识20多年，是快乐美好的人生，有他在场你不用担心没有欢声笑语，他讲"荤段"不分场合，有时讲得姑娘们面红耳赤，他又欲罢不能。这次知我提笔谈吃，他不辞辛劳重操旧业，负责拍了很多相片也修改了很多文字，这是非同小可的友谊，所以不久的将来我想他会出一书，"荤食荤话"，"男女那点事"，敬请期待。

刘晓燕

她的微博名"茶小痴"。与小燕也算网友或博友，是在微博上认识的，或许是她的微博名的缘故，吾为"茶痴"，她为"小痴"。自相识后方知她也是资深吃货，还是某食评网的高级会员，所以常谈茶研菜于闲暇时。近因吾动笔写书，她亦帮得不亦乐乎。因她是个才女，文字功底极好，看到吾写的文章惨不忍睹，也利用假日帮吾修改病句与加减段落，有她的帮忙，得以加速成书。因吾这财那才皆无，貌不出众，难以身相许，只能以只言片语聊表谢意了。

施 涵

一位文艺女青年，假摄影师，假兴趣广泛，假会喝茶，假会吃菜，却真被我的茶"骗"了，真当我助手，真帮我拍照，真帮我码字。就是没有男朋友，所以顺便帮征一个，所以你如果是个男青年的话，你懂的。

蔡奇真

汕头大学设计学院设计系老师，一个年轻的设计师。有着这个年龄不该有的银发，这或许是对设计执着的后果。吾与奇真应该算是茶友，他处汕头的最高学府，吾在市井凭着三年小学文化的"高学历"游学四方。承其不嫌吾识浅，常茶聚，论人生世道，使吾得益良多。近知吾有出书梦，不顾自毁"三观"，帮吾设计此书，因内容单薄，只能难为他做一回无米之炊了。

后记

稀里糊涂地说要写书，也就没想那么多，就写啦，写着写着，越写越难。本想着写书就是为了表达自己的点滴感悟，想到什么就说什么，特别是受我的文化水平所限，也就是口语化表述，我也不懂什么格律和体裁，我就是想把我要说的话说出来。但问题来了，关心我的朋友和长辈很多会说，你写的这算什么书，这不严谨，那不合理。刚开始写时也承蒙好友们的相助，有拍照的有帮整理文字的，但随着时间推移，声音也越来越多，我也曾想放弃。因写这书也很难，第一我希望追求原创，第二不是教科书，只是嬉笑怒骂，把一点真心话说出来，但实话得罪人。本来也想算了，写完打几本样书来束之高阁就自己看吧，但又怕辜负了几个商家准备给读者的福利，后来喝了一大口红酒一拍大腿，"莫听穿林打叶声，何妨吟啸且徐行"。

它只是给不追求太有文化的吃货朋友的一本有价值的书，只言片语能博君开怀一笑，足矣。这本书里所有观点或说法只是个人的意识，学术上叫意识流，有不经意被我冒犯者请见谅，有对我生气者，我当捧茶谢罪，有帮过我的朋友我也一并谢过。还要说明一点，就是这书我本人有个原则：只卖不送，因为很多作者花了多少心血写了书见人就送，很多人拿过手就忘了在哪，或放在书架上一页都没看过，这让写东西的人情何以堪。何况我这书里的实用价值要超出这本书价钱好几倍，有那么多家美食可以免费吃。所以为了不辜负商家也不辜负我自己，我决定只卖不送，也请各位认识我的人见谅，因我希望您拿这本书是真正有看的。但当然，您买一千本存起来的话，您没看我也不介意的。

本来这书写完就写完了，不应该啰啰唆唆地说这么多，其实我跟您说实话，设计哥说，文字太少凑点，所以就凑个数，当后记吧。

林贞标，于汕头亨泽大厦，酒后
2015.11.14

附 录

凡购买本书之读者,

可持本书前往以下支持商家,免费品尝商家承诺之潮味。

·潮商游艇码头·

汕头市龙湖区海滨路潮商游艇码头（即华侨公园隔壁）

139 2968 2777

承诺书

朋友：

美食美味是我们的共同的爱好与追求，

《玩味潮汕》为我们搭建了品味潮汕美食的平台，

欢迎带着《玩味潮汕》的您光临本店，

潮商游艇码头特为您免费奉上咖啡或饮料一杯，

您的满意是我们的心愿！

吃货签到

玩味潮汕
潮商游艇码头
SAVOUR CHAO SHAN

·建业酒家·

广东省汕头市凤凰山路10号恒晖大厦首层

0754-8899 5282

承諾書

朋友:

美食美味是我们的共同的爱好与追求,

《玩味潮汕》为我们搭建了品味潮汕美食的平台,

欢迎带着《玩味潮汕》的您光临本店,

建业酒家特为您免费奉上特色潮汕小吃一份,

您的满意是我们的心愿!

吃货签到

· 田记猪血汤 ·

汕头市金平区长平路平东一街16号

139 2961 1000

承 諾 書

朋友：

美食美味是我们的共同的爱好与追求，

《玩味潮汕》为我们搭建了品味潮汕美食的平台，

欢迎带着《玩味潮汕》的您光临本店，

本店特为您免费奉上猪血汤一份，

您的满意是我们的心愿！

吃货签到

· 汕特日日香鹅肉店 ·

汕头市澄海区花园酒店北侧斜对面泰安路

135 4681 3086

承 諾 書

朋友：

美食美味是我们的共同的爱好与追求，

《玩味潮汕》为我们搭建了品味潮汕美食的平台，

欢迎带着《玩味潮汕》的您光临本店，

本店特为您免费奉上鹅肉饭一份，

您的满意是我们的心愿！

吃货签到

·食汇（牛田洋螃蟹）·

汕头市龙湖高新区东厦花园33幢103房之一

135 0276 8246

承 諾 書

朋友：

美食美味是我们的共同的爱好与追求，

《玩味潮汕》为我们搭建了品味潮汕美食的平台，

欢迎带着《玩味潮汕》的您光临本店，

本店特为您免费奉上螃蟹一只，

您的满意是我们的心愿！

吃货签到

· 普宁周不错（粥店）·

普宁市龙苑大门直入100米

133 7651 2222

承諾書

朋友：

美食美味是我们的共同的爱好与追求，

《玩味潮汕》为我们搭建了品味潮汕美食的平台，

欢迎带着《玩味潮汕》的您光临本店，

本店特为您免费奉上自助式粥食一份，

您的满意是我们的心愿！

吃货签到

· 阿坤牛肉 ·

汕头市金平区长平路平东一街15号

130 6899 6613

承諾書

朋友：

美食美味是我们的共同的爱好与追求，

《玩味潮汕》为我们搭建了品味潮汕美食的平台，

欢迎带着《玩味潮汕》的您光临本店，

本店特为您免费奉上牛肉丸汤一份，

您的满意是我们的心愿！

吃货签到

· 茶痴工作室 ·

汕头市龙湖高新区科技东路亨泽大厦1505

138 2962 3582

承諾書

朋友：

美食美味是我们的共同的爱好与追求，

《玩味潮汕》为我们搭建了品味潮汕美食的平台，

欢迎带着《玩味潮汕》的您光临本店，

本茶吧特为您免费奉上好茶一泡，

您的满意是我们的心愿！

吃货签到